WPS

Office 办公应用
技巧宝典

秦阳 章慧敏 张伟崇 著

人民邮电出版社

北 京

图书在版编目（ＣＩＰ）数据

WPS Office办公应用技巧宝典 / 秦阳，章慧敏，张伟崇著. -- 北京 : 人民邮电出版社，2022.4
  ISBN 978-7-115-57086-4

Ⅰ．①W… Ⅱ．①秦… ②章… ③张… Ⅲ．①办公自动化－应用软件 Ⅳ．①TP317.1

中国版本图书馆CIP数据核字(2021)第160007号

内 容 提 要

本书详细介绍了 WPS Office 2021 文字处理、电子表格、演示文稿相关的 365 个技巧，覆盖行政文秘、人力资源、财务会计、市场营销等常见应用领域，并配有清晰的场景说明、图文详解、配套练习、视频演示，全方位教你结合实际应用场景，合理使用软件，快速解决问题。

本书不但能全方位帮你掌握 WPS Office 软件的使用方法，还可以作为你案头常备的一本速查宝典，在你遇到问题时方便查阅，帮你解决各种疑难杂症，助你成为职场达人！

◆ 著　　　　秦　阳　章慧敏　张伟崇
　　责任编辑　李永涛
　　责任印制　王　郁　胡　南
◆ 人民邮电出版社出版发行　　北京市丰台区成寿寺路 11 号
　　邮编　100164　　电子邮件　315@ptpress.com.cn
　　网址　https://www.ptpress.com.cn
　　三河市君旺印务有限公司印刷
◆ 开本：690×970　1/16
　　印张：17.25　　　　　　　　2022 年 4 月第 1 版
　　字数：333 千字　　　　　　　2025 年 5 月河北第14次印刷

定价：79.90 元

读者服务热线：(010)81055410　印装质量热线：(010)81055316
反盗版热线：(010)81055315

WPS 正在改变
职场人的办公习惯

1989 年，金山办公推出 WPS 1.0，从推出至今，金山办公始终致力于把简单高效的办公体验和服务带给每个人和每个组织。

尤其近几年，金山办公不断摸索用户的使用场景与习惯，持续优化产品的功能与体验，真正做到了"为用户提供超出预期、不可思议的办公体验"。

如今，金山办公基于 AI 技术推出了众多智能化的功能，如插入一张图片，WPS Office（简称 WPS）会提供几百种图片样式供用户选择；插入一段文字和图片，WPS 会提供上百种不同的排版方案……

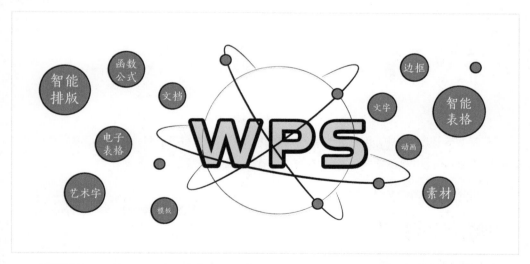

可惜的是，虽然 WPS 产品本身在不断迭代，但大部分职场人对 WPS 研究不够深入，当面临具体的问题或场景时，他们并不知道如何利用软件快速解决一些办公中遇到的实际问题。

WPS 软件涉及的技巧过于庞杂，琐碎操作很多，短时间内很难掌握。如果有一本像字典一样的技巧宝典，遇到问题可以随时查阅就好了。

在这个背景下，我们编写了本书。

≫ 前言

基于对产品体验的极致追求，在这本书的结构上，我们也进行了精心的编排和设计。

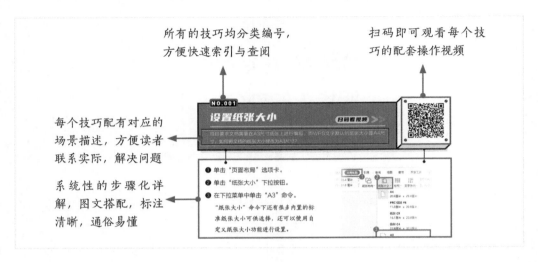

要真正学好 WPS，只看书不动手是不行的，全书所有技巧，除了有图文详解和视频教学，我们还提供了同步练习素材和案例源文件供读者下载，方便边学边练，真正将知识内化成能力。

关注微信公众号【老秦】（ID：laoqinppt），
并回复关键词"配套"，
即可获取本书全部配套练习素材文件。

在学习本书的过程中，难免有一些个性化的问题可能需要寻求帮助，可以通过以下方式加入本书配套的读者微信群，本书的作者也在群中，可以为你答疑解惑。

答疑交流 / 模板下载 / 素材分享 / 在线直播

关注微信公众号【老秦】（ID：laoqinppt），
并回复关键词"读者群"，
即可加入本书配套微信群，交流、答疑！

全书共收录了 365 个技巧，涵盖 WPS 的方方面面，每天学习一个小技巧，每天进步一点点，在不知不觉中全方位掌握 WPS Office 软件，成为高效办公的职场达人。

艾迪鹅创始人、金山 KVP 认证培训师　秦阳

WPS 办公技巧，效率为先

金山办公创办 30 多年了，我们始终致力于把最简单高效的办公体验和服务带给每个人、每个家庭、每个组织，帮助个人更轻松快乐地创作和生活，帮助企业和组织更高效地运行与发展。

截至目前，金山办公为来自全世界 220 多个国家和地区的用户提供办公服务，每个月有超过 5 亿的用户使用金山办公的产品进行创作。在企业级市场，金山办公的业务覆盖全国 30 多个省、直辖市、自治区，连续多年为党政机关，以及金融、能源、航空、医疗、教育等领域的众多行业提供定制化的办公产品和服务，帮助政府和企业加速实现数字化、智能化办公。

未来，金山办公还会为客户提供以"以云服务为基础，多屏、内容为辅助，AI 赋能所有产品"为代表的未来办公新方式，我们希望不论是企业客户还是职场人，都能通过金山办公的产品实现简单创作与美好生活。

为了早日实现这个目标，2021 年金山办公发布了金山办公最有价值专家（KVP）的招募计划，面向全网寻找那些专注于金山办公系产品、给予知识分享的实践者。

其中，秦阳老师就是首批入选的 KVP 之一。

不论是稻壳模板、精品课，还是金山组织的 WPS 大赛，都有他活跃的身影，所以金山办公各个版块的同事经常提到他。听说他一年要在企业端开办上百场企业培训，还坚持每年给高校做数十场免费的公益讲座，令人钦佩。在大家眼里，秦老师是一位非常严谨、有想法又有情怀的好老师，他所讲授的职场技能课程，不论是在企业端还是大学生群体中都非常受欢迎，金山的同事们也都对他赞誉有加。

他编写的《WPS Office 办公应用技巧宝典》是一本内容非常扎实的书，所有相关术语表述都很规范，一看就有着非常细致的品控。

全书排版布局美观，案例丰富，操作步骤和视频讲解非常清晰，全面覆盖文字、表格、演示等多个模块，涉及了很多 WPS Office 特色功能操作，紧紧围绕实际工作场景中的问题和痛点展开，是一本非常实用的工具书，也是一本很适合办公人士常备的案头技巧宝典。

感谢秦老师用心写的这本书，相信这本书能够更好地向用户普及国产办公软件，同时也相信读完这本书的读者，可以全面掌握 WPS Office，让办公更加高效，大大提高生产力。

金山办公个人事业部基础研发总经理　金亮

365个技巧，每天进步一点点！

让Office技能从此成为你的

职场竞争力

LET'S GO!

| 目录

第1篇

WPS文字

第1章 | 页面布局的设置

第2章 | 文字录入编辑与格式设置

第3章 | 文档段落格式设置

目录

第2篇
WPS表格

>> 目录

第18章｜自动统计与函数公式

第19章｜图表分析与数据可视化

第20章｜数据更新与自动化

目录

目录 《

第4篇
通用技巧与云文档

>> 目录

第1篇 ≫

WPS文字

NO.001

设置纸张大小

扫码看视频 >>

项目要求文档需要在A3尺寸纸张上进行编写，而WPS文字默认的纸张大小是A4尺寸，如何将文档的纸张大小修改为A3尺寸？

❶ 单击"页面布局"选项卡。

❷ 单击"纸张大小"下拉按钮。

❸ 在下拉菜单中单击"A3"命令。

"纸张大小"命令下还有很多内置的标准纸张大小可供选择，还可以使用自定义纸张大小功能进行设置。

通过这样的操作就可以让文档的纸张大小变为 A3 尺寸了。

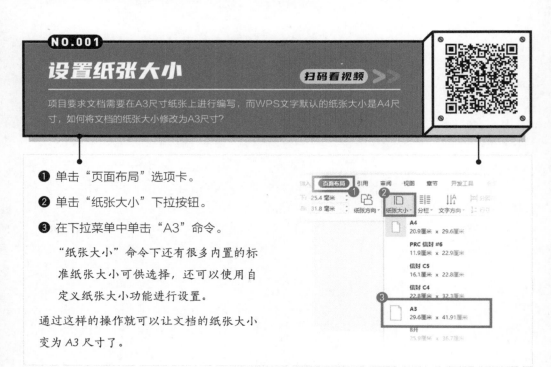

NO.002

将文本改为竖向输入

扫码看视频 >>

在图书馆或书店里经常可以见到从右向左阅读且竖向排版的出版物，那么如何在WPS文字中制作出相同的排版效果呢？

❶ 单击"页面布局"选项卡。

❷ 单击"文字方向"下拉按钮。

❸ 在下拉菜单中单击"垂直方向从右往左"命令。

通过这样的操作，就可以让 WPS 文字的文字输入方式变为竖向输入了。

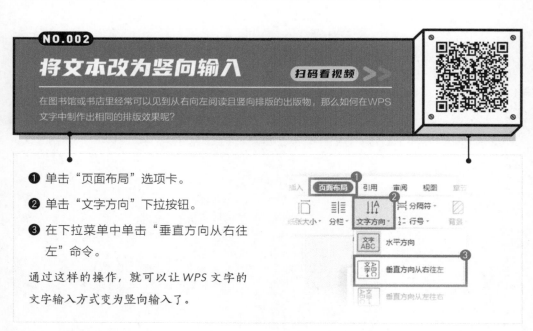

NO.003
设置页面的页边距

扫码看视频 >>

打印文件给领导，一张A4大小的打印纸，内容集中在页面正中很小的范围，四周空荡荡，被领导批评浪费纸张，该怎么更大程度地利用页面放置更多的内容呢？

❶ 单击"页面布局"选项卡。

❷ 单击"页边距"下拉按钮。

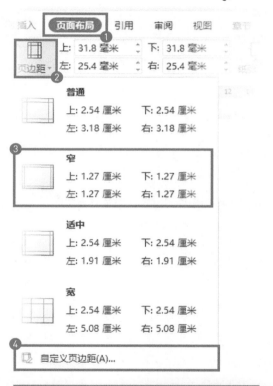

❸ 在下拉菜单中单击"窄"命令。

"页边距"命令下还有很多内置的页边距命令可供选择。

若需要更为灵活的页边距，还可以使用"自定义页边距"功能进行设置。

❹ 单击"自定义页边距"命令，进入"页面设置"对话框。

❺ 在"页边距"选项卡的"页边距"栏修改 4 个边距的参数。

通过这样的操作就可以调整页边距，提高页面的使用率，不用担心浪费纸张了。

NO.004

为文档设置分栏排版

扫码看视频 >>

领导让你制作一份公司宣传内刊，要做出报纸和杂志上那种两栏并排的排版效果，在WPS文字里面应该怎么做呢？

❶ 单击"页面布局"选项卡。

❷ 单击"分栏"下拉按钮。

❸ 在下拉菜单中单击"两栏"命令。

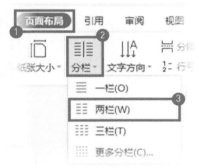

通过这样的操作，可以让整个文档页面按照双栏并列的效果进行排版。

在"分栏"命令下还有其他分栏命令，若想取消分栏，单击"一栏"命令；若想分三栏进行排版，单击"三栏"命令。

想要获得更为灵活的分栏效果，单击"更多分栏"命令，在"分栏"对话框中可以选择"偏左""偏右"，还可以灵活设置分栏参数，如栏数、栏宽及栏间距等。

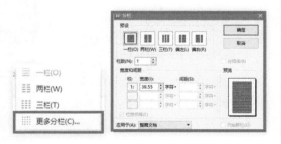

NO.005
修改页面的背景颜色

扫码看视频 >>

文字文档页面的背景颜色默认为白色，长时间阅读很容易出现视觉疲劳，为了缓解视觉疲劳，该如何在文字文档中设置文档的背景色为护眼色呢？

❶ 单击"页面布局"选项卡。

❷ 单击"背景"下拉按钮。

❸ 在展开的颜色面板中选择"浅绿，着色6，浅色60%"颜色。

通过这样的操作就可以让文字文档的背景颜色变为护眼色，若有其他颜色需求，也可以自定义修改页面背景颜色。

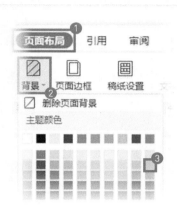

NO.006
为页面添加文字水印

扫码看视频 >>

公司做了一份机密文档，为了保护文档，要求给文档的所有页面添加"保密"水印，该如何操作呢？

❶ 单击"插入"选项卡。

❷ 单击"水印"下拉按钮。

❸ 单击"保密"水印。

通过这样的操作就可以为文档添加文字水印了。

NO.007

为文档添加自定义水印

扫码看视频 >>

要把制作好的文档添加"业务部制作"的水印，软件内置的水印无法满足需求，该如何才能完成自定义的水印添加呢？

❶ 单击"插入"选项卡。

❷ 单击"水印"下拉按钮。

　　WPS 文档有自带的水印样式，若没有特殊的水印样式需求，可以直接单击喜欢的样式进行添加。

❸ 单击"点击添加"命令，弹出"水印"对话框。

❹ 勾选"文字水印"复选框。

❺ 在"内容"文本框中输入"业务部制作"。

❻ 在"版式"下拉列表中选择"倾斜"选项，其他参数保持默认设置。

❼ 单击"确定"按钮。

这时"业务部制作"水印就添加到自定义水印模块中了。

❽ 再次单击"水印"下拉按钮。

❾ 单击"业务部制作"水印。

通过这样的操作就能为文档添加自定义"业务部制作"的水印了。

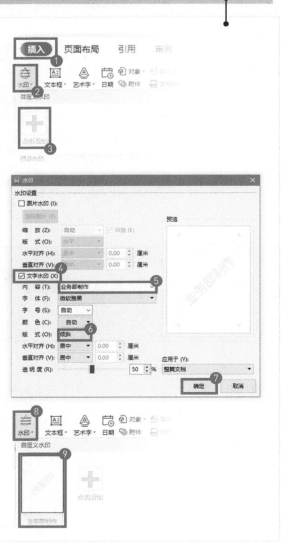

NO.008

为文档添加图片水印

扫码看视频 >>

公司制作了一个项目方案，为了体现本公司的特征，领导要求在页面中插入公司Logo图片作为水印，该怎么制作呢？

❶ 单击"插入"选项卡。

❷ 单击"水印"下拉按钮。

❸ 单击"点击添加"命令。

❹ 在弹出的对话框中勾选"图片水印"复选框。

❺ 单击"选择图片"按钮。

❻ 在弹出的对话框中选择公司 Logo图片。

❼ 单击"打开"按钮。

图片水印可以更改"缩放""版式""对齐"等参数。

❽ 回到"水印"对话框，调整"版式"为"倾斜"，勾选"冲蚀"复选框，其他参数保持默认设置。

❾ 单击"确定"按钮。

此时水印仍未添加到页面中，需要再次单击"水印"命令，在水印下拉选项中选择新添加的 Logo 图片水印，即可为文档添加图片水印。

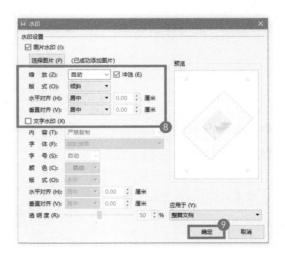

NO.009

为奇偶页添加不同水印

扫码看视频 >>

公司的文档制作要求奇偶页要使用不同的水印，可是添加水印后，所有页面上的水印就都是一样的，那么该如何制作奇偶页不同的水印呢？

❶ 双击奇数页上方空白区域，进入页眉页脚编辑模式。

❷ 在"页眉页脚"选项卡下单击"页眉页脚选项"按钮，弹出对话框。

❸ 在对话框中勾选"奇偶页不同"复选框，然后单击"确定"按钮。

❹ 单击"插入"选项卡下的"水印"下拉按钮，在下拉菜单中单击"保密"命令，插入奇数页水印。

❺ 双击偶数页的水印文本框。

❻ 在弹出的对话框中修改水印文字为"紧急"，然后单击"确定"按钮，即可完成偶数页的水印设置。

NO.010
为文档快速分页

扫码看视频 >>

公司要求策划书的内容新的一章必须从新的一页开始，可是上一章的内容刚用了页面的一半，按回车键分页的结果是后续调整会有很多麻烦，该如何快速分页呢？

❶ 将鼠标光标定位到文档最后。

❷ 单击"页面布局"选项卡。

❸ 单击"分隔符"下拉按钮。

❹ 在下拉菜单中选择"分页符"命令。

　　插入分页符的快捷键为【Ctrl+Enter】组合键。

通过这样的操作可快速为文档进行分页。

❺ 若选择"下一页分节符"命令，既可快速为文档进行分页，也可以将文档分为上下两节。

　　注意：页面布局的参数是按照节进行设置的，而非按传统意义上的"页"设置，需对文档进行分节操作，后续才可以对不同页面设置不一样的页面参数。

想要获取更多好用的插件？
关注微信公众号【老秦】(ID：laoqinppt)，
回复关键词"论文"，即可获取"毕业论文排版手册"，
毕业论文的各种文档排版难题，全部轻松搞定！

NO.011

设置文档的页面方向

扫码看视频 >>

从电子表格中复制表格到文字文档中，往往会出现页面宽度不够，导致表格超出显示范围的情况，而默认的纸张方向为竖向，如何才能让纸张横向显示呢？

❶ 单击"页面布局"选项卡。

❷ 单击"纸张方向"下拉按钮。

❸ 在下拉菜单中单击"横向"命令。

通过以上操作可以将文字文档的纸张方向由纵向改为横向，让宽表格显示完整。

但这样操作完之后，整个文档或当前节所有页面都会变为横向，如果想要在一个纵向文档中只插入一页横向页面，就要换个方法了。

若想在纵向文档中快速插入横向页面，可通过以下操作实现。

❶ 单击"插入"选项卡。

❷ 单击"空白页"下拉按钮。

❸ 在下拉菜单中单击"横向"命令。

通过这样的操作就可以快速在指定位置插入横向页面，无须手动分节后再设为横向。

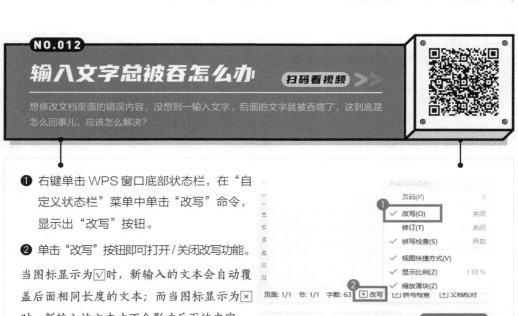

NO.012

输入文字总被吞怎么办

扫码看视频 >>

想修改文档里面的错误内容，没想到一输入文字，后面的文字就被噬了，这到底是怎么回事儿，应该怎么解决？

❶ 右键单击 WPS 窗口底部状态栏，在"自定义状态栏"菜单中单击"改写"命令，显示出"改写"按钮。

❷ 单击"改写"按钮即可打开/关闭改写功能。

当图标显示为☑时，新输入的文本会自动覆盖后面相同长度的文本；而当图标显示为☒时，新输入的文本才不会影响后面的内容。

快速更改文本输入状态的快捷键是【Insert】键。

NO.013

插入当前日期和时间

扫码看视频 >>

在制作合同或其他需要明确时间标注的文档时往往需要输入当前的日期和时间，如何才能快速地在文字文档中输入当前的日期和时间呢？

❶ 单击"插入"选项卡。

❷ 单击"日期"按钮。

❸ 在弹出的对话框中选择所需的格式，如"2021 年 1 月 25 日"。

❹ 单击"确定"按钮。

通过以上操作就可以为文档快速添加当前日期了。

NO.014

快速插入特殊符号

扫码看视频 >>

在制作文档时，为了更清晰直观，往往用一些图标或特殊符号来代替文字，比如用
"☎"代替"电话"，用"✉"代替"邮箱"，该如何快速插入这些符号呢？

❶ 单击"插入"选项卡。

❷ 单击"符号"下拉按钮。

❸ 在展开的面板中单击"其他符号"命令，弹出"符号"对话框。

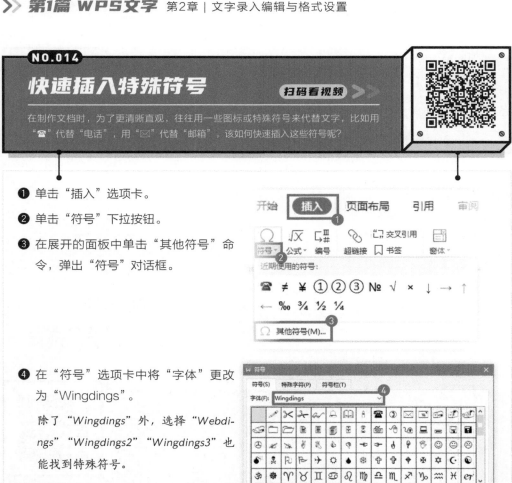

❹ 在"符号"选项卡中将"字体"更改为"Wingdings"。

除了"Wingdings"外，选择"Webdings""Wingdings2""Wingdings3"也能找到特殊符号。

❺ 选择合适图标，单击"插入"按钮。

通过以上操作就能完成特殊符号的插入。

❻ 选中符号后单击"插入到符号栏"按钮，还可以将该符号插入"符号"面板中的"自定义符号"栏中，方便后续插入。

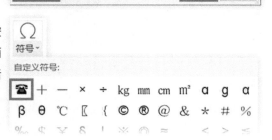

NO.015

在文档中插入流程图

扫码看视频 >>

在制作方案文档时，方案中往往需要展现项目的执行流程图，除了使用形状在画布上不专业地一个个摆放，有没有更快捷的方法呢？

❶ 单击"插入"选项卡。

❷ 单击"流程图"下拉按钮。

❸ 在下拉菜单中单击"新建空白图"命令。

WPS软件会弹出自带的流程图制作工具。

❹ 在流程图制作工具窗口中根据需要拖曳左侧工具栏中相应的形状至右侧的作图区。

单击作图区中形状的端点，进行拖曳会自动延伸出箭头，可与其他形状的端点进行连接。

❺ 完成作图后，单击左上角的"保存至云文档"按钮，将流程图保存。

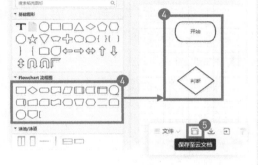

❻ 返回文字文档，单击"插入"选项卡下的"流程图"下拉按钮，在下拉菜单中单击"插入已有流程图"命令。

❼ 在弹出的对话框中将鼠标指针移到对应流程图上方，单击"插入"按钮。

通过以上操作就能完成流程图的插入。

NO.016

在文档中插入思维导图 扫码看视频 >>

以往在文档中想要插入一份思维导图需要先在专业的制图工具中制作好，然后将思维导图导出为图片，最后再插入文档，但是在WPS文字中有更快的方法！

❶ 单击"插入"选项卡。

❷ 单击"思维导图"下拉按钮。

❸ 在下拉菜单中单击"新建空白图"命令。
WPS 软件会弹出自带的思维导图制作工具。

❹ 在思维导图制作工具窗口中，根据需要使用【Enter】键新建同级内容，使用【Tab】键新建下级内容。

❺ 完成作图后，单击左上角的"保存至云文档"按钮，将思维导图保存。

❻ 返回文字文档，单击"插入"选项卡，再单击"思维导图"下拉按钮，在下拉菜单中选择"插入已有思维导图"命令。

❼ 在对话框中将鼠标光标移至对应思维导图上方，单击"插入"按钮。

通过以上操作就能完成思维导图的插入。

NO.017

在文档中插入化学制图

扫码看视频 >>

在制作化学试卷或化学讲义的时候，无法避免地要插入一些化学方程式、有机结构、电子式等一系列的化学制图，除了截图插入外，在WPS文字中有没有更方便的方法？

❶ 单击"插入"选项卡。

❷ 单击"更多"下拉按钮。

❸ 在下拉菜单中单击"化学绘图"命令。

WPS 软件会弹出自带的化学绘图制作工具。

❹ 在化学绘图制作工具中，选择制作的化学绘图类型，在这里我们以化学方程式为例。

有化学方程式、有机结构、原子结构、电子式、同位素 5 种可选类型。

❺ 在"化学方程"对话框中，工具栏的公式结构可在编辑栏中插入使用。

❻ 输入完内容后，单击"插入图片"按钮。

通过以上操作，即可快速在文字文档中插入化学制图。

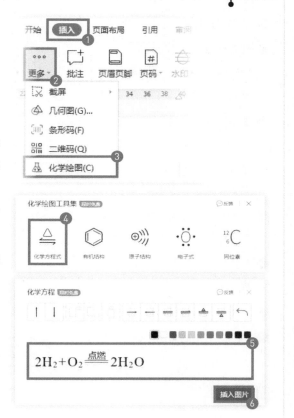

关注微信公众号【老秦】（*ID：laoqinppt*），
回复关键词"简历"，
即可获取 *1000* 份文字文档简历模板大合集，
各种风格与行业的简历模板一网打尽，赶紧去下载吧！

NO.018

插入打钩的复选框

扫码看视频 >>

在制作电子表单的时候，如果想要在文档中插入只要单击就能打钩的复选框该怎么做呢？

❶ 单击"开发工具"选项卡。

❷ 在功能面板中找到并单击"复选框内容控件"图标，将其插入文档。

　此时单击方框即可打钩。

❸ 选中控件后单击"控件属性"按钮。

　若"控件属性"命令为灰色，请先安装 wps2019vba 插件，可在本书的配套资源中找到该插件。

❹ 在弹出的对话框中找到并单击"选中标记"中的"更改"按钮。

❺ 在弹出的"符号"对话框中选中"打钩"符号。

❻ 单击"插入"按钮。

❼ 返回对话框后单击"确定"按钮。

通过以上操作，就可以在文档中实现单击方框自动打钩的操作了。

如果只需在方框中打钩，还有一个更简便的方法。

在需要插入方框的位置，用输入法输入"fangkuang"，选中"□"并插入，单击"□"即可进行打钩。

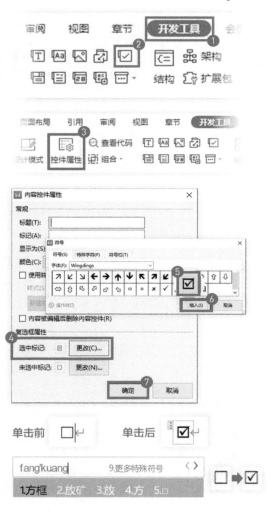

NO.019

在文档中插入下拉列表

扫码看视频 >>

在制作电子表单的时候，想要在文档中插入可以快速选择内容输入的下拉列表该怎么办呢？

❶ 单击"开发工具"选项卡。

❷ 在下方功能区中找到并单击"下拉列表内容控件"图标，将其插入文档。

❸ 选中控件后单击"控件属性"按钮。

❹ 在弹出对话框中单击"添加"按钮。

❺ 在弹出对话框的"显示名称"输入框中输入名称后确定。

❻ 重复第 ❹ 和 ❺ 步的操作，添加完所有选项。

❼ 单击"内容控件属性"对话框中的"确定"按钮。

通过以上操作，就可以在文档中实现下拉列表功能了。

NO.020

在文档中插入数学公式

扫码看视频 >>

在理工科论文或学术报告中，经常需要输入函数公式，在WPS文档中如何才能快捷地插入公式呢？

这里以输入下落高度公式为例。

❶ 单击"插入"选项卡。

❷ 单击"公式"下拉按钮。

❸ 在下拉菜单中单击"插入新公式"命令。

此时在插入位置会出现一个公式键入文本框，并且功能面板会切换到"公式工具"选项卡。

❹ 在公式键入文本框中输入"h="。

❺ 在"公式工具"选项卡下的"分数"下拉面板中单击"分数（竖式）"命令。

❻ 在上下两框中分别输入 1、2，并按键盘上的【→】键，输入"g"。

❼ 单击"上下标"下拉按钮，在下拉面板中单击"上标"命令。

❽ 在指数的底框中输入"t"，上标框中输入"2"。

注意：公式中常量需要用正体，变量需要用斜体。

❾ 选中"h"和"t"，在"开始"选项卡下单击"倾斜"按钮，即可设置为斜体。

单击文档空白处即可完成公式输入。

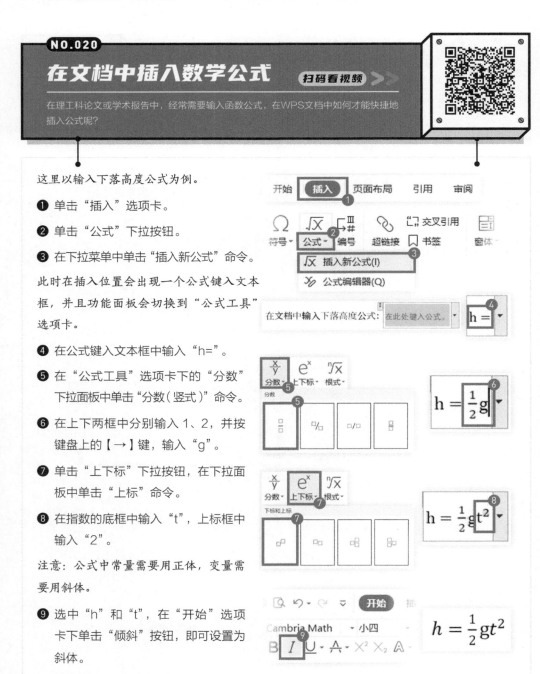

NO.021

快速选中文档中的内容

扫码看视频 >>

选择文本，往往都是直接用鼠标单击文本后拖曳完成的，但WPS文字中有很多快捷选中文本的技巧，比如快速选中一行文本，快速选中一段文本，以及快速选中所有文本。

快速选中一行文本。

❶ 将鼠标指针移动到纸张最左侧，此时鼠标指针会变为指向右侧的箭头。

❷ 单击鼠标左键，会选中与鼠标指针平行的一整行。

快速选中一整段文本。

❸ 在段落任意位置三击鼠标左键，即可选中整个段落，或者将鼠标移至段落左侧，双击鼠标也可选中整段文本。

快速选中连续的文本。

❹ 将鼠标光标定位到所选文本的开头。

❺ 按住【Shift】键。

❻ 单击所选文本的末尾即可选中连续的文本。

快速选中全文。

❼ 将鼠标指针移动到纸张最左侧，此时鼠标指针会变为指向右侧的箭头。

❽ 三击鼠标左键，则会选中全文。

也可以直接按快捷键【Ctrl+A】进行全选。

NO.022

竖向选中文字

扫码看视频 >>

有些文档的每一个段落前都有一个固定长度的前缀，想要删除它们的通常方法就是一个个选中然后删除，有没有更快捷的方法可以一次性删除呢？

这里以带有时间戳的歌词为例。

❶ 按住键盘上的【Alt】键。

❷ 按住鼠标左键，从时间戳左上方向右下方拖动鼠标，直至最后一个时间戳。

❸ 按键盘上的【Delete】键。

通过以上操作就能竖向选中和删除内容。

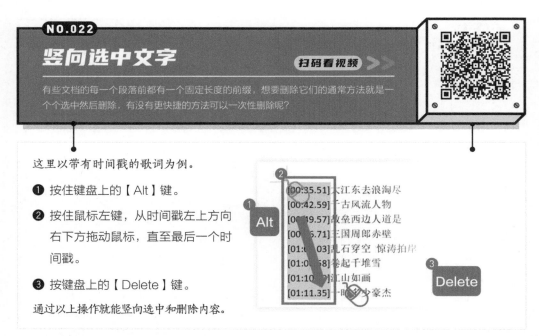

NO.023

为重点内容添加着重号

扫码看视频 >>

领导让你把文档中重要的文本添加着重号用以强调，只会添加下划线的你该怎么办？

❶ 选中需要添加着重号的内容。

❷ 单击"开始"选项卡。

❸ 单击"删除线"右侧的"其他选项"下拉按钮。

❹ 在下拉菜单中单击"着重号"命令。

通过以上操作就能为文本添加着重号。

NO.024

为内容添加双重下划线

扫码看视频 》》

领导让你把文档中重要的文本添加双重下划线加以强调，只会添加单条下划线的你该怎么办？

❶ 选中需要添加双重下划线的内容。

❷ 按快捷键【Ctrl+D】打开"字体"对话框。

❸ 单击"下划线线型"下拉按钮，在下拉菜单中选择"＝"样式。

❹ 单击"确定"按钮。

通过以上操作就能为文本添加双重下划线。

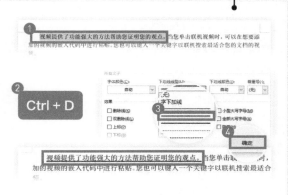

NO.025

为文本内容添加删除线

扫码看视频 》》

文档中有内容需删改，可先给原内容添加删除线，然后在后面增加修改内容。删除线也可用在日程管理上，每完成一项就可以用删除线标注，但是该如何添加删除线呢？

❶ 选中需要添加删除线的内容。

❷ 单击"开始"选项卡。

❸ 在功能面板中单击"删除线"按钮。

通过以上操作就能为文本添加删除线。

工作清单
1. 处理社群内日常事务
2. 处理项目工作
3. 处理临时工作
4. 写工作总结

开始 插入

五号

1. 处理社群内日常事务

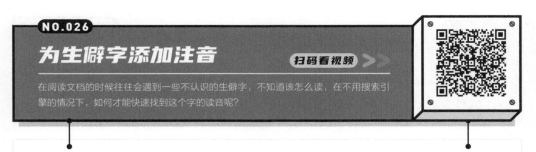

NO.026

为生僻字添加注音

扫码看视频 >>

在阅读文档的时候往往会遇到一些不认识的生僻字，不知道该怎么读，在不用搜索引擎的情况下，如何才能快速找到这个字的读音呢？

这里以"耄耋 饕餮"为例。

❶ 选中需要添加注音的文本。

❷ 单击"开始"选项卡。

❸ 在功能面板中单击"拼音指南"
　　按钮。

❹ 在弹出的"拼音指南"对话框的预
　　览中可以看到注音后的效果。

❺ 修改注音的对齐方式为"居中"，
　　让注音更紧凑。

在"拼音指南"对话框中还可更改注
音的字体、字号、偏移量等参数以获
得个性化的注音效果。

❻ 单击"确定"按钮。

通过以上操作就能为生僻字注音。

NO.027

批量修改英文的大小写

扫码看视频 >>

为了更快地输入英文内容，很多人都是在小写状态下输入英文单词的，但是要求每句英文的首字母大写该怎么办呢？

❶ 选中需要更改大小写的内容。

❷ 单击"开始"选项卡。

❸ 单击"拼音指南"旁的倒三角形下拉按钮。

❹ 在下拉菜单中单击"更改大小写"命令。

❺ 弹出对话框后，勾选"句首字母大写"单选按钮。

❻ 单击"确定"按钮。

即可实现英文句首字母大写的效果。

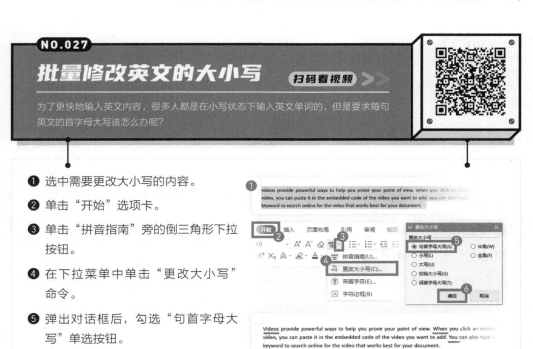

NO.028

修改英文全/半角状态

扫码看视频 >>

当你将从网上复制的文本内容粘贴到WPS文档中，出现英文和阿拉伯数字变得很宽的情况时，比如：ABCD变成了ＡＢＣＤ，该如何才能解决这个问题呢？

❶ 选中需要更改字符宽度的内容。

❷ 单击"开始"选项卡。

❸ 单击"拼音指南"旁的倒三角形下拉按钮。

❹ 在下拉菜单中单击"更改大小写"命令。

❺ 在"更改大小写"对话框中勾选"半角"单选按钮，再单击"确定"按钮。

NO.029

设置文本符号的上下标　扫码看视频 >>

计量单位中经常会有平方米（m^2）、立方米（m^3），化学式中也会有H_2O、CO_2这样需要使用上下标的内容，如何才能做出上下标的效果呢？

以化学式 H_2O 为例。

❶ 在文档中输入 H2O，并选中 2。

❷ 单击"开始"选项卡。

❸ 在功能区找到并单击"X_2"按钮。

上标只需在步骤❸中单击"X^2"按钮。

另外，上下标的快捷键分别是【Ctrl+ Shift+=】和【Ctrl+=】。

NO.030

清除文本下的波浪线　扫码看视频 >>

在制作文档的时候，可以看到有的文字下方会出现蓝色的双划线或红色的波浪线，让人很不舒服，该怎样去掉它们呢？

❶ 单击"文件"菜单栏，在下拉菜单中单击"选项"命令，会弹出对话框。

❷ 切换到"拼写检查"选项。

❸ 取消勾选"输入时拼写检查"和"打开中文拼写检查"复选框。

❹ 单击"确定"按钮，即可清除。

NO.031

快速复制文本格式

扫码看视频 >>

文本的格式设置参数相当复杂，包含了字体、字号、颜色、粗细、倾斜等，如果要对大量文本进行相同的格式设置，相当耗费时间，有没有方法更加高效地完成格式设置？

❶ 选中已经设置好格式的文本。

❷ 单击"开始"选项卡。

❸ 单击"格式刷"按钮。

此时鼠标指针将变成刷子形态。

❹ 选中需要设置格式的文本。

双击"格式刷"可以进行连续的刷取复制格式操作。

NO.032

将数字转换为大写人民币格式

扫码看视频 >>

财务类的文档中经常要使用大写人民币格式的数字，这些文字输入起来相当麻烦，有没有方法可以让阿拉伯数字直接转换为大写人民币的格式呢？

❶ 选中需要转换的阿拉伯数字。

❷ 单击"插入"选项卡。

❸ 单击"编号"按钮。

❹ 在弹出的对话框中，在"数字类型"栏中选择格式"壹元整，贰元整，叁元整 ..."命令。

❺ 单击"确定"按钮。

NO.033

让WPS翻译英文文本

扫码看视频 >>

在阅读英文文档时，可能会遇到不容易理解的句子，这时就需要借助翻译软件来完成英译汉的操作，那么WPS里面能否实现英文翻译的功能呢？

❶ 选中需要翻译的英文文本。

❷ 单击"审阅"选项卡下的"翻译"下拉按钮，在下拉菜单单击"短句翻译"命令。

界面右侧会自动弹出"翻译"面板。

❸ 修改"源语言"和"目标语言"，软件会自动识别选中文本的源语言。

❹ 单击"开始翻译"按钮。

通过以上操作就能完成英文翻译。

NO.034

设置段落开头空两格

扫码看视频 >>

在制作中文文档时，通常要求段落开头空两格，很多人都是通过按空格键完成的，其实WPS中已经内置了可以快速实现的方法。

将光标置于段落任意位置。

❶ 单击"开始"选项卡。

❷ 单击"段落"按钮，打开段落设置对话框。

❸ 将"缩进"栏"特殊格式"中的"无"改为"首行缩进"。

❹ 将"度量值"改为"2字符"。

NO.035

让WPS朗读文档内容

扫码看视频 >>

文档长时间阅读会造成眼疲劳，这时如果有语音助手朗读给你听就好了，其实WPS中就有这样的一个功能可以帮你实现。

❶ 单击"审阅"选项卡。

❷ 单击"朗读"下拉按钮，在下拉菜单中单击"全文朗读"命令。

软件就会开始帮你朗读文档。在朗读工具栏中还可以调整语速、语调甚至将语音导出为音频文件。

NO.036

调整段落的对齐方式

扫码看视频 >>

为了调整段落的对齐方式，很多人都是通过按空格键进行处理的，这样操作虽然方便，但会给后续的内容调整带来不便，其实在WPS中可以更加快速地调整对齐方式。

❶ 如果需要段落整体左端对齐，则单击"左对齐"。

❷ 如果需要段落整体右端对齐，则单击"右对齐"。

❸ 如果需要段落整体居中对齐，则单击"居中对齐"。

❹ 如果需要段落整体左右两端对齐，而段落最后一行左对齐，则单击"两端对齐"。

❺ 如果需要未满一行的段落占满整行，则单击"分散对齐"。

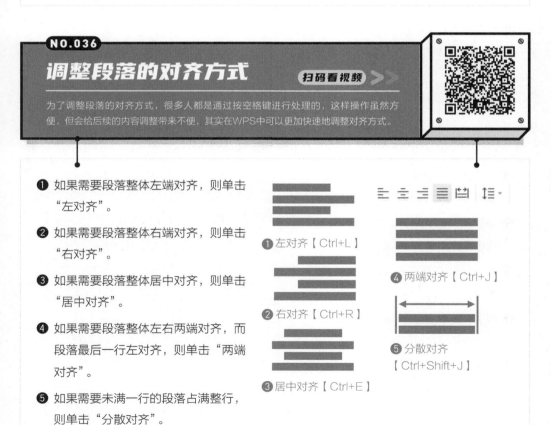

NO.037

用标尺设置段落缩进

扫码看视频 >>

很多人不知道WPS文档上方带有刻度的小部件是干什么用的，它的名字叫标尺，可以帮助我们直观且快速地调整段落缩进的效果。

❶ 标尺上白色的区域对应的是左右页边距，灰色区域则是文字输入区域。

❷ 标尺上面有 4 个小滑块，左边从上到下有 3 个滑块，它们分别是首行缩进、悬挂缩进和左缩进，最右边的滑块则是右缩进。

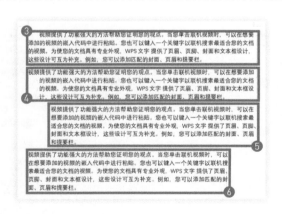

首行缩进
左缩进　悬挂缩进　右缩进

❸ 移动首行缩进滑块，调整的是段落第一行的文字缩进。

❹ 单独移动悬挂缩进滑块，调整的是段落中除第一行外的文字缩进。

❺ 单独移动左缩进滑块，调整的是段落左端的文字缩进。

❻ 单独移动右缩进滑块，调整的是段落右端的文字缩进。

若界面中没有标尺，可以在"视图"选项卡下勾选"标尺"复选框将其调出。

NO.038

设置段落之间的距离

扫码看视频 》》

段与段之间的空行，一般都是直接按回车键完成的，其实WPS提供了调整段与段之间间距的功能，只需正常回车分段就能完成，来看看是如何实现的吧！

❶ 单击"开始"选项卡。

❷ 单击"段落"按钮，打开段落设置对话框。

❸ 修改段后的参数为"1 行"。

❹ 单击"确定"按钮。

完成上述操作后，在 WPS 文字中按回车键就可以看到段与段之间自动空出一行。

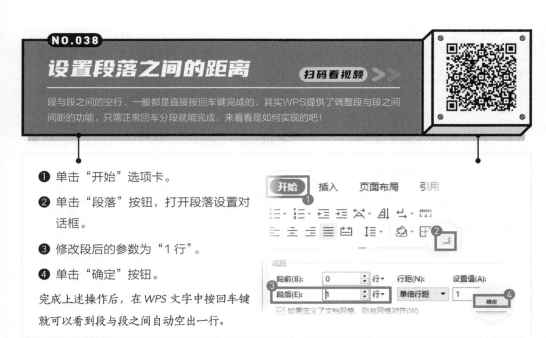

NO.039

设置段落内的行间距

扫码看视频 》》

段落之间的距离可以通过段前段后调节，段落中的各行文字之间的距离则需要用行距进行调节。

将鼠标光标定位在目标段落任意位置。

❶ 单击"开始"选项卡。

❷ 单击"段落"按钮，打开段落设置对话框。

❸ 单击"行距"下拉按钮，在下拉列表中选择行距。

行距默认为单倍，还可选择1.5 倍、2 倍行距。

❹ 在"设置值"文本框中可手动输入行距。

NO.040
可视化调整段落格式

扫码看视频 >>

很多人其实不清楚缩进、行距、段间距各种数值对段落格式的影响，其实WPS文字中独创了一种可以可视化调节段落格式的段落布局。

❶ 将鼠标光标放置在段落中。

此时段落左侧出现一个文档图标。

❷ 单击文档图标即进入段落布局模式。

WPS Office 是由金山软件股份有限公司自常用的文字、表格、演示，PDF 阅读等多种强大插件平台支持、免费提供海量在线存（.pdf）文件、具有全面兼容微软 Office9优势。覆盖 Windows、Linux、Android、iO且 WPS 移动版通过 Google Play 平台，已某

段落布局工具一共有 7 个功能按钮。

❸ 段首的按钮用来调节首行缩进。

❹ 第二行的按钮用来调节悬挂缩进。

❺ 段落左右边缘的圆形按钮分别用来调节左缩进和右缩进。

❻ 段落上下边缘的圆形按钮分别用来调节段前段后距离。

❼ 段落右上角的按钮用来退出段落布局模式。

在段落布局模式下，单击其他段落就能快速切换到其他段落进行调整。

WPS Office 是由金山软件股份款办公软件套装，可以实现办公格、演示，PDF 阅读等多种功

WPS Office 是由金山软件股份有限公司自主研发的一款办公软件套装，可以实现办公软件最常用的文字、表格、演示，PDF 阅读等多种功能。具有内存占用低、运行速度快、云功能多、强大插件平台支持、免费提供海量在线存储空间及文档模板的优点。支持阅读和输出PDF（.pdf）文件、具有全面兼容微软 Office97-2010 格式（doc/docx/xls/xlsx/ppt/pptx 等）独特优势。覆盖Windows、Linux、Android、iOS 等多个平台。WPS Office支持桌面和移动办公。且 WPS 移动版通过 Google Play平台，已覆盖超 50 多个国家和地区。

NO.041
多列文本竖向对齐

扫码看视频 >>

制作节目单的时候，需要将节目名称、类别、参演人分成三列对齐，大部分人只会敲空格键去完成，一旦后期需要修改就会很麻烦，有没有更快的方法可以解决？

❶ 选中所有的节目名、节目类别与参演人。

❷ 单击"开始"选项卡。

❸ 在下方功能面板中单击"制表位"按钮，弹出"制表位"对话框。

❹ 在"制表位"对话框的"制表位位置"文本框中输入"14"。

❺ 在"对齐方式"栏中选择"左对齐"单选按钮。

❻ 单击"设置"按钮，完成第一个制表位的设置。

❼ 重复第❹、❺、❻步的操作，在"28字符"处添加第二个左对齐的制表位。

❽ 单击"确定"按钮，完成制表位设置。

❾ 将光标置于"节目名"之后，按【Tab】键插入一个制表符。

❿ 将光标置于"节目类别"之后，按【Tab】键插入一个制表符。

重复第❾、❿步操作完成所有节目单的对齐。

节目名节目类别参演人
《黄河大合唱》合唱公司业务部
《我爱我家》小品公司运营部
《说新年》相声公司客服部

开始 ② 插入 页面布局 引用

节目名	节目类别	参演人
《黄河大合唱》	合唱	公司业务部
《我爱我家》	小品	公司运营部
《说新年》	相声	公司客服部

NO.042

对英文文献进行排序

扫码看视频 >>

撰写论文时，如果参考文献是英文，有时会要求文献按照首字母进行排序，排序在WPS表格中很简单，但是在WPS文字中该如何实现呢？

❶ 选中需要排序的参考文献段落。

❷ 单击"开始"选项卡。

❸ 单击"排序"按钮，会弹出对话框。

❹ 在"排序文字"对话框中修改排序类型为"拼音"并选中"升序"单选项。

确定后，参考文献就会按照首字母 A ~ Z 排序。

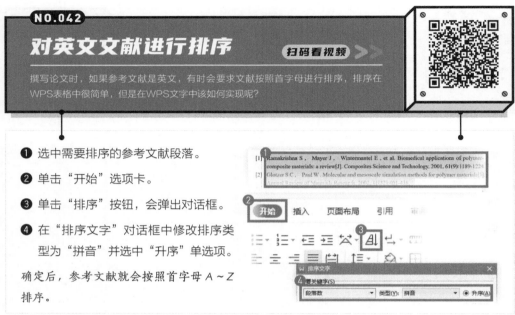

NO.043

隐藏编辑标记

扫码看视频 >>

同事发来的文件，打开之后除了文字之外，还有很多奇奇怪怪的符号，自己平时按空格键也会出现小点，这到底是怎么回事儿，该如何处理？

符号除了标点符号之外，还有编辑标记，比如制表符、分页符、分节符等，要隐藏编辑标记，可以这样做。

❶ 单击"开始"选项卡。

❷ 单击"显示/隐藏编辑标记"下拉按钮。

❸ 在下拉菜单中勾选"显示/隐藏段落标记"命令。

通过这样的操作就可以隐藏编辑标记，取消勾选则可隐藏编辑标记。

NO.044

应用样式快速美化文档

扫码看视频 >>

制作文档时我们需要对不同级别的段落设置不一样的格式，如果每个段落都做一次完整的操作，会耗费很多时间，有没有方法能快速完成复杂文档格式的设置呢？

这要用到"样式"这个集文字格式、段落格式、大纲级别、编号等为一体的功能。

❶ 将光标置于标题段落任意位置，单击"开始"选项卡。

❷ 单击下方功能面板"预设样式"库中的样式就能实现格式的快速设置。

长文档一般有章、节、小节三级，对应使用标题1、标题2、标题3样式。

❸ 右键单击样式，单击"修改样式"命令还可以自定义样式的格式，来快速调整所有应用该样式的段落格式。

NO.045

为样式设置快捷键

扫码看视频 >>

为段落设置样式来统一效果虽然方便，但是每操作一次都得鼠标移动到右上角单击一次，实在有点麻烦，如果把它们都设置成快捷键就好了！

以标题1样式为例。

❶ 在"开始"选项卡下方功能区中找到"预设样式库"，右键单击"标题1"样式，弹出菜单后选择"修改样式"命令。

❷ 在"修改样式"对话框中，单击"格式"，在下拉菜单中单击"快捷键"命令。

❸ 在"快捷键"框中按下你想要的快捷键，比如【Ctrl+1】，单击"指定"按钮。

❹ 返回对话框，单击"确定"按钮。

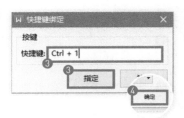

NO.046
显示文档中的所有样式

扫码看视频 >>

在WPS文字的样式框中只显示了部分样式，其实文档中默认存在的样式有很多，如何才能让这些样式显示出来呢？

❶ 单击"开始"选项卡。

❷ 在功能区单击"预设样式库"下拉按钮。

❸ 在下拉菜单中单击"显示更多样式"命令，打开"样式和格式"面板。

❹ 单击"样式和格式"对话框中的"显示"下拉按钮，选择"所有样式"选项。

通过以上操作就可以显示文档中的所有样式。

NO.047
删除段落前后的小黑点

扫码看视频 >>

给段落应用样式之后，你会发现段落前后会出现小黑点，影响阅读体验，该如何把它们去除？

将鼠标光标置于段落中的任意位置。

❶ 单击"开始"选项卡。

❷ 单击"段落"按钮，打开段落设置对话框。

❸ 切换到"换行和分页"选项卡。

❹ 取消勾选"与下段同页"和"段中不分页"复选框。

❺ 单击"确定"按钮，小黑点就会消失。

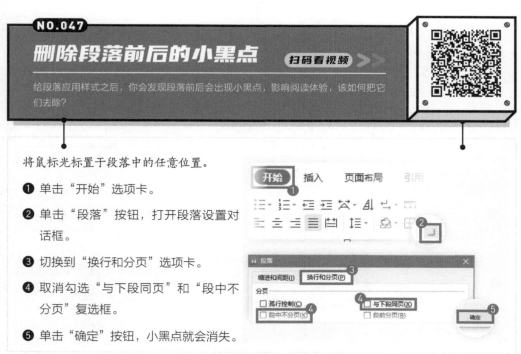

NO.048

快速搭建文档框架

扫码看视频 >>

在普通视图下输入文字，还需要来回单击样式来设置段落的格式，有没有方法可以输入文字的时候自动应用样式？

❶ 单击"视图"选项卡。

❷ 单击"大纲"按钮，切换到大纲视图。

❸ 在大纲视图下输入文本，文本的大纲级别默认就是正文文本。

❹ 如果需要调整内容的大纲级别，单击左上角的箭头即可。

　降低级别的快捷键是【Tab】，

　提高级别的快捷键是【Shift+Tab】。

通过以上操作就可以快速搭建文档框架。

让段落按照大纲级别快速应用样式。

❺ 按快捷键【Ctrl+H】打开"查找和替换"对话框。

❻ 在"查找内容"中，使用"格式"-"段落"-"大纲级别"命令定位各级大纲。

❼ 在"替换为"中，使用"格式"-"样式"命令，按照 1 级大纲对应标题 1 的规律设置样式。

❽ 单击"全部替换"按钮。

通过以上操作即可为大纲应用样式。

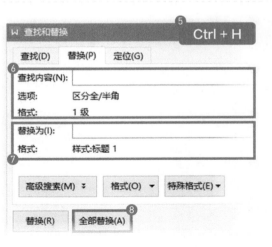

NO.049

图片在文档中的插入方式 扫码看视频 >>

你知道吗，别小看一张图片，它在WPS文档里面有两种类型，共7种不同的存在形式！

第一类：嵌入型

在这种方式中，图片相当于一个字符，嵌入型图片会受制于行间距或文档网格设置。

第二类：文字环绕型

文字环绕型图片总共有 6 种不同的形式。

❶ 四周型：

　　文字沿着图片的尺寸轮廓分布。

❷ 紧密型：

　　文字沿着图片的真实轮廓分布。

❸ 上下型：

　　文字会以行为单位分布在图片上下。

❹ 穿越型：

　　文字会紧密沿着图片真实轮廓分布。

❺ 浮于文字上方：

　　顾名思义就是浮在文字的上面遮盖文字。

❻ 衬于文字下方：

　　顾名思义就是在文字下方衬底。

NO.050

修改图片插入的默认类型 扫码看视频 >>

WPS文档中插入图片，默认的类型是嵌入型，嵌入型图片相当于一个字符，想要自由
移动还需要手动更改为其他类型，如何才能让图片插入时自动更改呢？

❶ 单击"文件"-"选项"命令。

❷ 在弹出的对话框中切换到"编辑"选项。

❸ 在右侧窗口最下方的"将图片插入 /
　粘贴为"中，修改图片插入的类型。

单击"确定"按钮就能修改图片插入的
默认类型。

NO.051

将图片固定在某一位置 扫码看视频 >>

图片插入文档后，如果图片前面的文本发生修改，图片的位置也会相对发生改变，如
何才能让图片固定在特定的位置，不随文档修改而移动？

图片插入文档后，默认会随文字移动，
如果想固定图片位置，需要以下操作。

❶ 选中图片，单击图片右上角的"布
　局选项"按钮，展开面板。

❷ 选择文字环绕中的任意一种类型。

❸ 选择"固定在页面上"单选按钮。

通过以上操作，图片就会固定在一个
位置，不随文字移动而移动。

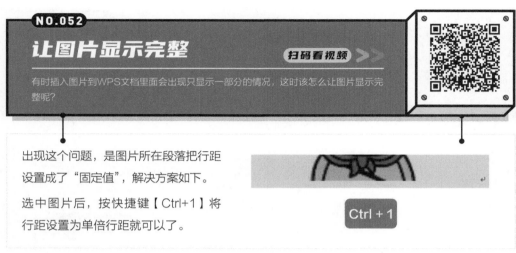

NO.052

让图片显示完整

扫码看视频 >>

有时插入图片到WPS文档里面会出现只显示一部分的情况，这时该怎么让图片显示完整呢？

出现这个问题，是图片所在段落把行距设置成了"固定值"，解决方案如下。

选中图片后，按快捷键【Ctrl+1】将行距设置为单倍行距就可以了。

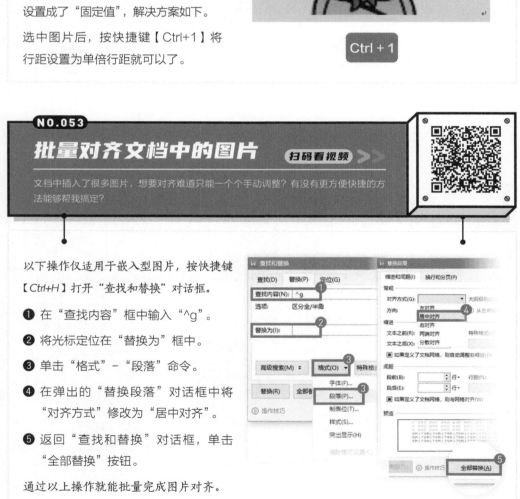

NO.053

批量对齐文档中的图片

扫码看视频 >>

文档中插入了很多图片，想要对齐难道只能一个个手动调整？有没有更方便快捷的方法能够帮我搞定？

以下操作仅适用于嵌入型图片，按快捷键【Ctrl+H】打开"查找和替换"对话框。

❶ 在"查找内容"框中输入"^g"。

❷ 将光标定位在"替换为"框中。

❸ 单击"格式"–"段落"命令。

❹ 在弹出的"替换段落"对话框中将"对齐方式"修改为"居中对齐"。

❺ 返回"查找和替换"对话框，单击"全部替换"按钮。

通过以上操作就能批量完成图片对齐。

NO.054
批量调整图片尺寸

扫码看视频 >>

文档中有大量尺寸和比例不一致的图片，想要把它们调整成同一宽度，有没有快速实现的方法？

这里需要用到 VBA 编程。批量修改图片尺寸的代码，已经存放在本书的配套资源中，你只需要会使用就可以。

在使用之前需要先安装 wps2019vba 插件，安装包在本书的配套资料包中，直接打开进行安装，安装后重启 WPS 软件即可使用。

❶ 单击"开发工具"选项卡下的"切换到 VB 环境"按钮。

　新版 WPS 中默认的是 JS 环境。

❷ 单击"开发工具"功能区中的"VB宏"按钮。

❸ 在弹出的对话框中，"宏名"框中填写"批量调整图片尺寸"，单击"创建"按钮。

❹ 清空弹出对话框中右侧的内容，将提供的代码粘贴进去，关闭对话框。

❺ 按步骤❷再次打开"VB 宏"对话框，选择"批量调整图片尺寸"宏后，单击"运行"按钮。

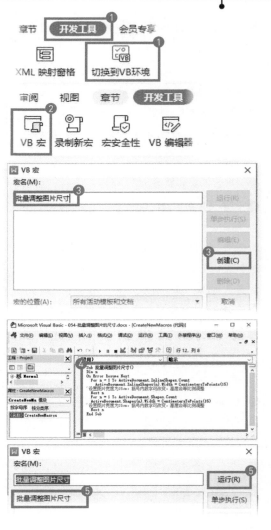

运行这个宏之后，所有图片的宽度会统一为 15cm。

代码中默认的图片宽度为 *15cm*，可以自己修改图片的宽度数值，高度会等比例改变。

NO.055

批量调整图片环绕方式

扫码看视频 >>

文档中图片的环绕方式乱七八糟，有嵌入型、环绕型、衬于文字下方等，为了方便排版，需要将所有图片更改为四周型环绕，那可以批量调整图片的环绕方式吗？

想要批量调整图片的环绕方式，需要用到 VBA 代码。

调整的思路是：先把不同类型的环绕方式批量改成"嵌入型"，再由"嵌入型"批量改成"四周型环绕"（或其他类型）。

以上两步骤的代码已在本书的配套资源中，只需下载使用即可。

第一步：批量调整图片为"嵌入型"

❶ 单击"开发工具"选项卡中的"VB 宏"按钮。

需安装 wps2019vba 插件，安装包在本书配套资料包中，直接打开进行安装，安装后重启 WPS，在"开发工具"选项卡中单击"切换到 VB 环境"按钮即可使用。

❷ 在弹出对话框的"宏名"文本框中输入"图片版式转换为嵌入型"后单击"创建"按钮。

❸ 在弹出的 VBA 代码窗口中，清空右侧的代码，将提供的图片版式转换为嵌入型的代码粘贴进去，关闭窗口。

❹ 按步骤 ❶ 再次打开"VB 宏"对话框。

❺ 在弹出对话框中选择"图片版式转换为嵌入型"宏后，单击"运行"按钮。

通过以上操作就可以将图片批量调整为"嵌入型"。（后续步骤见下页）

第二步："嵌入型"批量改成"四周型环绕"

⑥ 再次打开"VB 宏"对话框，创建"图片版式转换为环绕型"宏。

⑦ 清空右侧代码，将提供的图片版式转换为环绕型的代码粘贴进去，关闭窗口。

⑧ 在"VB 宏"对话框中选择"图片版式转换为环绕型"宏后，单击"运行"按钮。

通过这样两大步就可以将不同环绕方式的图片批量调整为四周型环绕方式了。

注意：代码中"*WrapFormat.Type =*"后面的数字代表不同的非嵌入类型。

0 代表四周型环绕；1 代表紧密型环绕。

2 代表穿越型环绕；3 代表浮于文字上方。

4 代表上下型环绕；5 代表衬于文字下方。

NO.056

多张图片如何并列排版

扫码看视频 >>

想要在一行中并列对齐排版多张图片，需要多次调整图片的大小，有没有快捷的方法能够实现？

借助表格作为盛放图片的容器，来快速并列排版多张图片。

❶ 根据排版的图片数量插入对应列数的表格，例如 3 张图，插入 1 行 3 列的表格，表格插入方法见技巧 NO.057。

❷ 调整单元格的高度，并在每一个单元格中插入对应的图片，而后调整图片大小，由于图片被单元格限制住所以相对位置不会变动。

❸ 将整个表格边框设置为"无框线"。

NO.057

创建指定行列数的表格　扫码看视频 >>

如果想要创建规定了行列数的表格，有哪些方法？

方法一：可视化拖动选择

❶ 单击"插入"选项卡。

❷ 单击"表格"下拉按钮。

❸ 在弹出的网格中移动鼠标指针选择需要插入表格的行列数。

❹ 单击完成表格插入。

这种方法有缺陷，最多只能创建 8 行 17 列的表格，超出之后就无法使用。

方法二：手动输入行列数插入表格

❶ 单击"插入"选项卡。

❷ 单击"表格"下拉按钮。

❸ 在展开的菜单中单击"插入表格"命令。

❹ 在弹出的对话框中输入行数和列数。

　　在对话框中还可设置单元格的尺寸参数，固定单元格尺寸，或是根据表格中的内容调整尺寸。

❺ 单击"确定"按钮。

通过以上两种方法就可以创建指定行列数的表格。

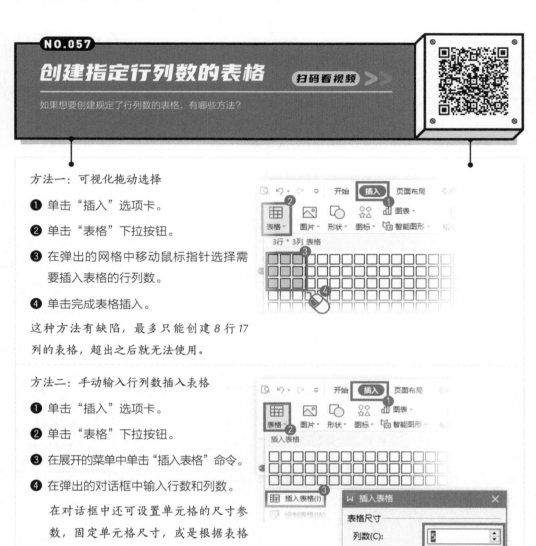

NO.058
将文本转换为表格

扫码看视频 >>

工作群里发来一串文字，领导让你把它们制作成表格，这时只能先画表格，再复制、粘贴内容？其实有更简单的方法！

❶ 选中需要填写到表格中的文本。

注意：待转换表格的文本之间须有固定的间隔标记，比如空格、逗号等。

❷ 单击"插入"选项卡。

❸ 单击"表格"下拉按钮。

❹ 在下拉面板中选择"文本转换成表格"命令。

已有的"逗号"单选按钮为英文逗号，而文本中的分隔符为中文逗号，需单击选择"其他字符"单选按钮，并在框中输入中文逗号，此时软件会自动修改表格列数。

若框中无法输入中文符号，可以先复制相应符号，然后粘贴进来。

❺ 在弹出对话框的"文字分隔位置"栏中，单击选择文本中的分隔符。

❻ 单击"确定"按钮。

通过以上操作就能将文本转换为表格。

姓名，地址，电话
范嫌，庆国户部侍郎家，139****1215
范思哲，庆国户部侍郎家，138****1205
林碗儿，庆国皇家别苑，177****2145
战逗逗，北齐皇宫，189****4789

姓名	地址	电话
范嫌	庆国户部侍郎家	139****1215
范思哲	庆国户部侍郎家	138****1205
林碗儿	庆国皇家别苑	177****2145
战逗逗	北齐皇宫	189****4789

NO.059

将表格转换为文本

扫码看视频 >>

技巧NO.058教给大家如何从文本转换为表格，那有没有将表格转换为文本的技巧？

方法一：复制粘贴法

❶ 单击表格左上角的田字符选中表格。

❷ 按快捷键【Ctrl+C】复制表格。

❸ 右键单击文档空白位置，在右键菜单中的"粘贴"选项里选择"只粘贴文本"命令。

方法二：直接转换成文本

❶ 单击表格左上角的田字符选中表格。

❷ 单击菜单栏上的"表格工具"选项卡，单击"转换成文本"按钮。

❸ 在弹出的对话框中选择一个文字分隔符，一般选"制表符"作为文字分隔符。

❹ 单击"确定"按钮。

通过以上两种方法，就可以快速将表格转换为文本。

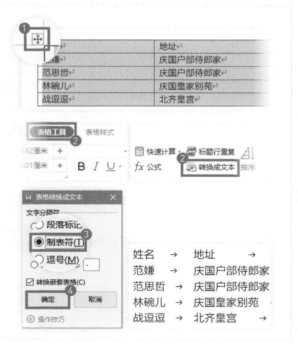

NO.060

快速插入实用表格模板

扫码看视频 >>>

有时会遇到很多陌生的表格制作任务，一般我们都会去网上找表格模板复制粘贴，其实在WPS文档的表格功能中就暗藏着一个表格模板库。

❶ 单击"插入"选项卡。

❷ 单击"表格"下拉按钮。

❸ 根据需求，在"插入内容型表格"菜单中选择合适的类别。

内容型表格分为汇报表、通用表、统计表、物资表、简历及更多。

通过以上操作即可实现插入实用型表格。

NO.061

快速为表格添加行与列

扫码看视频 >>>

做表格的时候会遇到临时要添加几行/列内容的情况，如何才能更加高效快捷地完成行与列的添加呢？

将鼠标光标移动至表格上：

此时表格的右侧和底部分别出现一个 + 号。

❶ 单击底部 + 号按钮，可以立即添加一行。

❷ 单击右侧 + 号按钮，可以立即添加一列。

❸ 单击底部 + 号按钮向下拖曳，可快速添加多行。

❹ 单击右侧 + 号按钮向右拖曳，可快速添加多列。

NO.062

在顶格表格前插入一行

扫码看视频 >>

在空白页面插入表格后，你会发现很难在表格上面添加一行非表格的内容，那怎样才能在顶格的表格前加一个空白行呢？

❶ 将光标放置在表格第一个单元格内容的最前面。

❷ 按【Enter】键。

这样就可以实现在顶格表格前插入一个空白行。

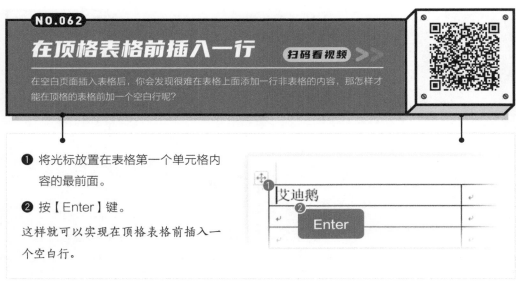

NO.063

为单元格添加斜线表头

扫码看视频 >>

在制作表格的时候，有时需要制作带斜线框的表头，该怎样才能快速做出斜线表头？

选中表格中的单元格。

❶ 单击"表格样式"选项卡。

❷ 单击"绘制斜线表头"按钮。

❸ 在弹出的"斜线单元格类型"对话框中选择合适的斜线表头类型。

❹ 单击"确定"按钮。

WPS中的斜线表头可以随着单元格的尺寸变化而自动调整。

NO.064

取消表格虚线框显示

扫码看视频 >>

在WPS文字文档中，当我们把表格的框线全部取消后，还是会在文档中看到以虚线框显示的表格，影响观感，有没有方法可以把它去掉呢？

❶ 单击"视图"选项卡。

❷ 取消勾选"表格虚框"复选框。

通过以上操作即可去掉文档中表格的虚线框。

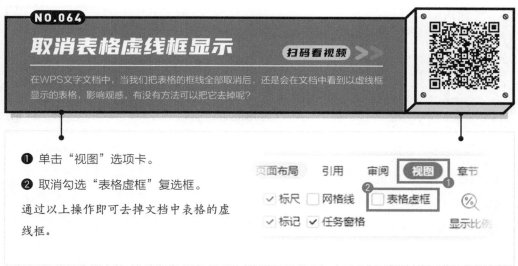

NO.065

快速美化文档表格

扫码看视频 >>

WPS文字里面插入的表格都是黑白线框，如何才能快速美化这种表格呢？

将光标放置在表格任意单元格内。

❶ 单击"表格样式"选项卡。

❷ 在"表格样式库"中选择一个表格样式就可以快速美化整个表格。

❸ 单击表格样式的下拉按钮，还可以选择更多的样式。

❹ 在左侧的"表格样式选项"中勾选不同的选项还能得到更多表格样式。

NO.066
调整表格内文本对齐

扫码看视频 >>

在单元格中输入文字之后，文字紧紧贴在上边框，想要对齐到单元格正中间怎么调整都不行，其实在WPS文字里面有快捷方法可以实现。

将鼠标光标定位在单元格中。

❶ 单击"表格工具"选项卡。

❷ 单击"对齐方式"下拉按钮。

❸ 在下拉菜单中单击"中部两端对齐"命令。

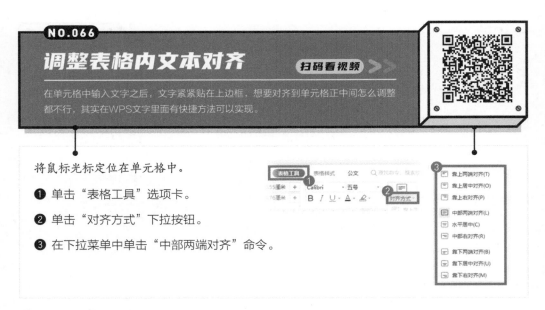

NO.067
调整单元格的边距

扫码看视频 >>

在单元格中输入文本后，发现无论怎么调整文字的对齐方式，文字总是离边框太远，到底该怎么处理？

将鼠标光标定位在单元格中。

❶ 单击"表格工具"选项卡。

❷ 单击"表格属性"按钮。

❸ 在弹出的对话框中单击"选项"按钮。

❹ 在"表格选项"对话框中修改默认单元格边距。

将上下左右边距都调整为0，就可以让文字紧贴单元格边框了。

❺ 单击"确定"按钮。

NO.068

为表格设置重复标题行

扫码看视频 >>

WPS文档中一旦遇到长表格就会自动分页，但文档无法像表格那样冻结表头，那该如何让文档中的表格每一页都显示表头呢？

❶ 选中标题行单元格。

❷ 单击"表格工具"选项卡。

❸ 在下方功能面板中单击"标题行重复"按钮。

通过以上操作即可让标题行出现在每一页的表格表头。

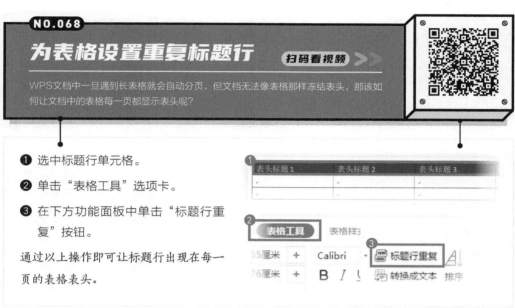

NO.069

自动调整表格的宽度

扫码看视频 >>

表格制作完成后，总会根据内容的多少修改一下单元格的大小，手动拖动的方式太麻烦，每一列都要操作一次，其实在WPS文字里面可以轻松搞定！

❶ 单击表格左上角的田字符选中表格。

❷ 单击"表格工具"选项卡。

❸ 单击"自动调整"下拉按钮，在下拉菜单中选择"根据内容调整表格"命令。

通过以上操作就能自动调整表格的宽度。

若想让表格横向铺满纸张版心，则可以在第❸步选择"适应窗口大小"命令。

NO.070 平均分布表格的行/列

扫码看视频 >>

制作完表格后，表格的行和列或多或少都会出现行高不一致，列宽不一致的现象，如何才能让表格的行高/列宽统一呢？

❶ 单击表格左上角的田字符选中表格。

❷ 单击"表格工具"选项卡。

❸ 单击"自动调整"下拉按钮，在下拉菜单中选择"平均分布各行"与"平均分布各列"命令。

通过以上操作就能快速完成行列的尺寸分布。

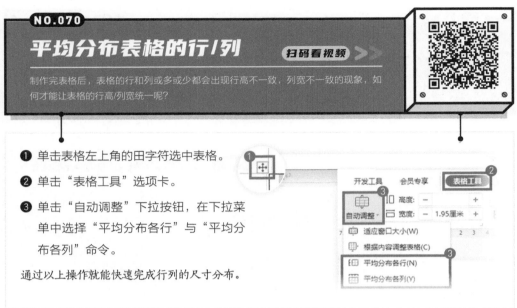

NO.071 快速拆分表格

扫码看视频 >>

想要把一个表格拆分成两个表格，除了复制、粘贴之外，还有没有更快捷的方法呢？

❶ 将鼠标光标置于需要开始拆分的行的任意单元格中。

❷ 单击"表格工具"选项卡。

❸ 单击"拆分表格"下拉菜单中的"按行拆分"命令。

通过以上操作就可以快速完成表格的拆分。

另外，完成第❶步之后，直接按快捷键【Ctrl+Shift+Enter】，也可以快速拆分表格。

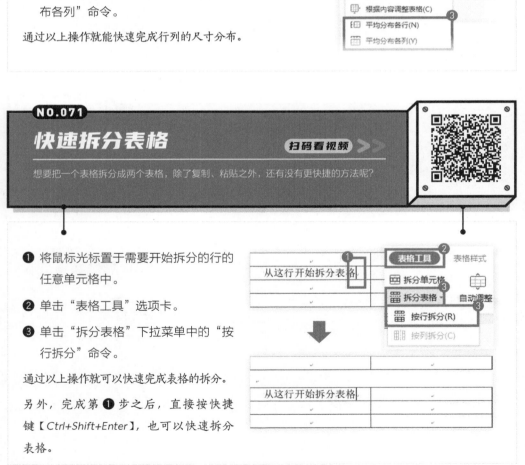

NO.072

防止单元格跳到下一页

扫码看视频 >>

在表格中写着写着，突然整个单元格跳到了下一页，在上一页留下了大量空白，该怎么解决这个问题？

将鼠标光标置于跳页的单元格中。

❶ 单击"表格工具"选项卡。

❷ 单击"表格属性"按钮。

❸ 在弹出的对话框中单击"行"选项卡。

❹ 取消勾选"指定高度"复选框。

❺ 勾选"允许跨页断行"复选框之后，单击"确定"按钮。

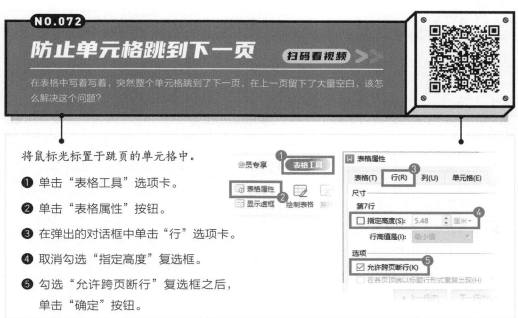

NO.073

细长表格的快速排版

扫码看视频 >>

WPS文档中遇到长条形的表格，文档右侧就会有大面积的空白，如何才能将这些空白利用起来？

❶ 单击任意单元格，将鼠标光标置于文档内容中，单击"页面布局"选项卡。

❷ 单击"分栏"下拉按钮。

❸ 单击"更多分栏"命令，设置栏数。栏数可以根据表格的宽度进行选择。

❹ 选中标题行单元格。

❺ 单击"表格工具"选项卡。

❻ 单击"标题行重复"按钮，即可完成。

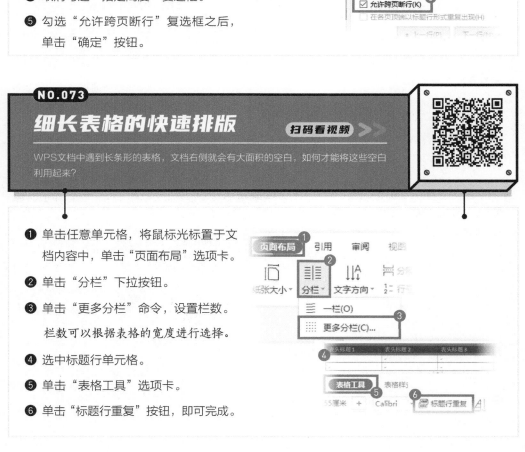

NO.074

在表格中进行数据计算

扫码看视频 >>

通常计算表格中的数据我们都是在WPS表格中进行的，其实WPS文字里的表格也可以实现数据计算。

使用"快速计算"功能，以求和计算为例。

❶ 选中需要求和的数据单元格区域及放置求和结果的单元格区域。

❷ 单击"表格工具"选项卡下的"快速计算"下拉按钮。

❸ 在下拉菜单中单击"求和"命令。

通过以上操作，即可对选中区域中的每行数据分别进行求和计算，并在空白单元格显示求和结果。

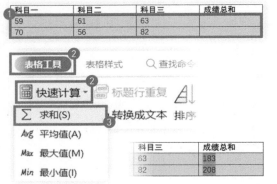

但当计算比较复杂时，就需要使用"公式"功能，以计数计算为例。

❶ 选中要插入公式的单元格，单击"表格工具"选项卡下的"公式"按钮，弹出"公式"对话框。

❷ 在公式文本框直接输入"=COUNT(LEFT)"，或者分别单击"粘贴函数"和"表格范围"的下拉按钮，在下拉列表中分别选择"COUNT"及"LEFT"插入。

COUNT 为计数函数，*LEFT* 代表公式单元格左边的数据区域。

❸ 如有需要，在"数字格式"下拉列表中修改最后计算结果的数字格式。

❹ 单击"确定"按钮完成公式插入。

"粘贴函数"下拉列表中所有函数的详情可在本技巧配套的练习文件中查看。

NO.075

删除表格后的空白页

扫码看视频 >>

当表格占满一整页，你会发现文件会多出一页空白页，无论怎么按删除键和退格键都删不掉，该怎么办呢？

表格后出现的空白页，一般是紧跟着表格的段落标记造成的，它无法删除，只能隐藏。

方法一

❶ 选中这个段落标记。

❷ 按快捷键【Ctrl+D】打开字体设置对话框。

❸ 勾选"隐藏文字"复选框，确定即可。

❹ 若空白页未消失，则在"开始"选项卡中取消勾选"显示/隐藏段落标记"命令。

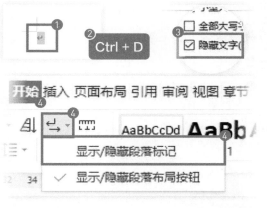

方法二

❶ 选中这个段落标记。

❷ 单击"开始"选项卡。

❸ 单击"段落"按钮，打开段落设置对话框。

❹ 单击"行距"下拉按钮，在下拉列表中选择"固定值"，并把右侧的设置值改为"1磅"。

❺ 单击"确定"按钮。

通过以上操作即可隐藏表格后的空白页。

NO.076

自动创建文档目录

扫码看视频 >>

如果已经为文档应用了多级样式，那么想要给文档制作目录简直易如反掌。

将光标定位到需要插入目录的位置。

❶ 单击"引用"选项卡。

❷ 单击"目录"下拉按钮。

❸ 在下拉菜单中选择"自动目录"模块中的目录样式。

NO.077

更新目录内容/页码

扫码看视频 >>

目录做好之后，如果文档的内容发生了变化，影响了标题内容和页码，是不是还需要手动修改目录和页码？下面介绍一种新方法。

❶ 单击"引用"选项卡。

❷ 单击"更新目录"按钮。

❸ 根据需要在弹出的对话框中选中"只更新页码"或"更新整个目录"单选按钮。

若内容大纲没变，仅页数变了，就选择"只更新页码"，否则选择"更新整个目录"。

❹ 单击"确定"按钮。

通过以上操作就可以实现目录的快速更新。

NO.078

WPS智能识别目录

扫码看视频 >>

很多人不会使用样式功能，这样就无法自动生成目录，其实WPS文字有一项智能识别功能，可以快速识别章节标题并自动生成目录。

将光标定位到需要插入目录的位置。

❶ 单击"引用"选项卡。

❷ 单击"目录"下拉按钮。

❸ 在下拉菜单中选择"智能目录"下的一种样式。

可从"智能目录"中任意选择样式，通过以上操作就可以自动为文档生成一个目录。

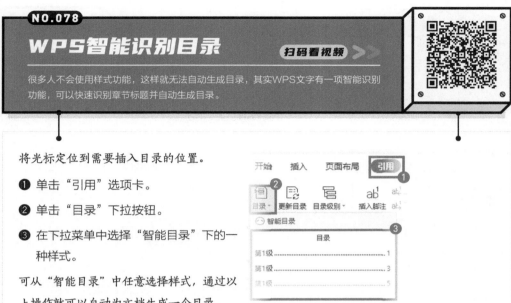

NO.079

为图片和表格创建目录

扫码看视频 >>

像论文、标书这样的长文档，里面插入了若干图片和表格，为了方便查找它们，往往会单独为它们创建目录，这样的目录该如何制作呢？

❶ 单击"引用"选项卡。

❷ 单击"插入表目录"按钮。

❸ 在弹出的对话框中修改"题注标签"为对应的"图"或"表"。

❹ 单击"确定"按钮，即可插入图片或表格目录。

前提：需要先为图片和表格插入题注。

NO.080

给每个章节创建目录

扫码看视频 >>

如果是非常长的文档，一般会要求在每个章节标题下生成本章节的小目录，这个时候应该怎么办呢？

❶ 选中章节的所有内容，比如选中第一章的内容。

❷ 单击"插入"选项卡。

❸ 单击"书签"按钮。

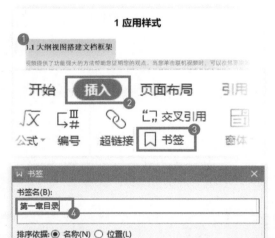

❹ 在弹出的"书签"对话框的"书签名"文本框中输入"第一章目录"。

❺ 单击"添加"按钮。

❻ 将光标定位到第一章节标题下方，按快捷键【Ctrl+F9】插入一个域代码框。

❼ 在框中输入"TOC \b 第一章目录"。

注意，"TOC""\b""第一章目录"前后要用空格隔开，如图所示灰色点即为空格。

❽ 将光标定位到代码中，按【F9】键更新域，即可出现章节目录。

通过以上操作，就可以单独为各个章节制作出一份章节目录了。

如果需要修改域代码，则需按快捷键【Shift+F9】显示域代码，修改完成之后，再按【F9】键，在弹出的"更新目录"对话框中选中"更新整个目录"单选按钮，即可更新目录。

NO.081

修改目录显示级别

扫码看视频 >>

自动创建出来的目录，默认都会显示到三级标题（如果设置了的话），但是我们也经常看到只显示到二级标题的目录，这是如何设置的呢？

❶ 单击"引用"选项卡，在下方功能面板中单击"目录"下拉按钮。

❷ 在下拉菜单中单击"自定义目录"命令。

❸ 在弹出的"目录"对话框中，在"显示级别"文本框中输入要显示的目录级别，或者单击文本框右侧的微调按钮调整目录显示级别。

通过以上操作就可以修改目录的显示级别。

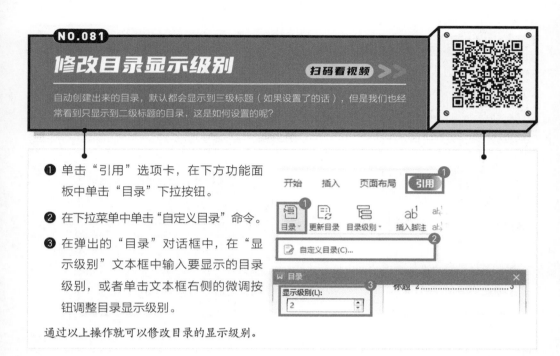

NO.082

自定义目录样式

扫码看视频 >>

插入目录的默认格式不符合需要的效果，于是手动更改了目录的字体等格式，可一旦更新目录，发现格式又变回原样了，那到底应该如何修改目录样式呢？

❶ 选中目录的任意一行，如某行1级标题。

❷ 单击"开始"选项卡，在样式库中可以看到该行目录自动应用了"目录1"样式。

❸ 右键单击"目录1"样式，在右键菜单中单击"修改样式"命令。

进入修改样式对话框之后，就可以对目录样式的字体、段落等格式进行自定义。

重复以上操作就可以对目录各级标题的格式进行设置。即便更新目录，格式也不会改变。

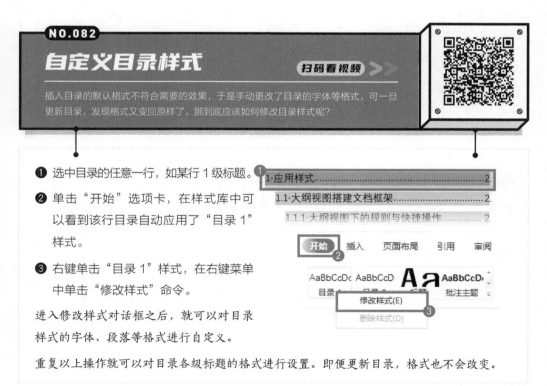

NO.083

为段落添加项目符号

扫码看视频 >>

文章中列举了多个要点，为了让它们看起来井然有序，可以为其添加上统一的符号，在WPS文字中可以不用手动输入，轻而易举地做到。

选中需要添加项目符号的段落。

❶ 单击"开始"选项卡。

❷ 在下方功能面板中单击"项目符号"下拉按钮。

❸ 在下拉面板中选择合适的项目符号，单击即可。

通过以上操作就可以添加项目符号了。

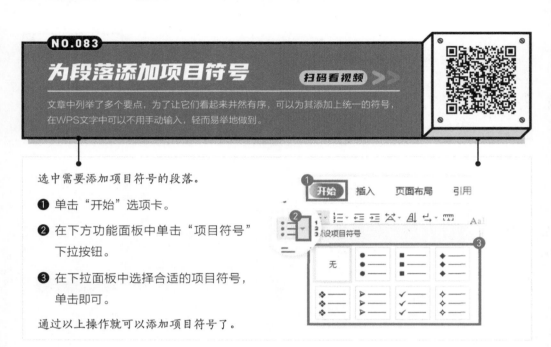

NO.084

为段落添加数字编号

扫码看视频 >>

文章中列举了多个要点，为了让它们看起来井然有序，除了可以添加项目符号外，还可以为它们添加数字编号。

选中需要添加编号的段落。

❶ 单击"开始"选项卡。

❷ 在下方功能面板中单击"编号"下拉按钮。

❸ 在下拉面板中选择需要的编号样式，单击即可。

通过以上操作即可完成为段落添加数字编号的操作。

NO.085

添加自定义的项目符号

扫码看视频 >>

软件中内置的项目符号可能无法满足我们个性化的需求，如果想要使用带有自身特色的图形作为项目符号该怎么做呢？

❶ 单击"开始"选项卡。

❷ 单击"项目符号"下拉按钮。

❸ 在下拉面板中单击"自定义项目符号"命令。

❹ 在弹出的"项目符号和编号"对话框中选择其中任意一种项目符号后单击"自定义"按钮。

❺ 在"自定义项目符号列表"对话框中单击"字符"按钮进入符号对话框，即可选择需要的符号插入。

❻ 连续单击"确定"按钮，即可完成。

通过以上操作即可为段落添加个性化项目符号了。

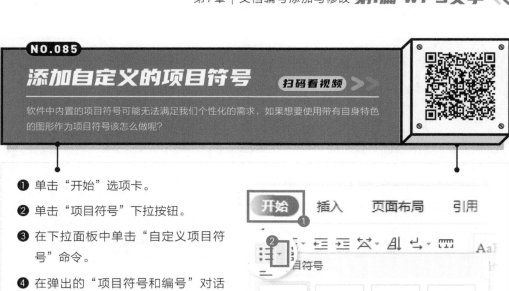

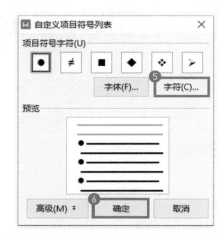

NO.086

快速调整段落缩进量

扫码看视频 >>

为段落应用了数字编号或项目符号后，随着段落缩进量的增加，对应段落会自动替换为下一层级的编号格式或项目符号，那么该如何快速调整缩进量呢？

❶ 将鼠标光标放置在编号/项目符号与文字之间，再单击"开始"选项卡。

❷ 单击"增加缩进量"按钮，缩进段落。

❸ 单击"减少缩进量"按钮，回撤段落。

按快捷键【Shift+Alt+.】为增加缩进量；

按快捷键【Shift+Alt+,】为减少缩进量；

通过以上操作就可以快速为不同级别的段落调整缩进量。

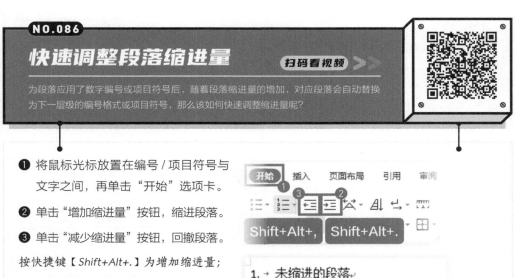

NO.087

设置从0开始的编号

扫码看视频 >>

在工作中总是会遇到很奇葩的需求，明明编号都是从1开始的，突然要求从0开始，这可怎么办呢？

❶ 右键单击编号，打开右键菜单，单击"项目符号和编号"命令。

❷ 在弹出的对话框中单击"编号"选项卡，再单击"自定义"按钮。

❸ 在新对话框中修改起始编号为"0"。

❹ 单击"确定"按钮。

通过以上操作就能设置从0开始的编号。

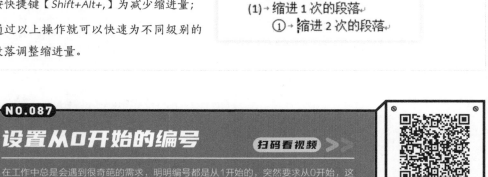

NO.088

调整编号与文字的间距

扫码看视频 >>

有的时候给段落添加编号后，编号和文字之间的距离会非常大，如何才能调整编号和文字之间的距离呢？

❶ 右键单击编号，打开右键菜单，单击"调整列表缩进"命令。

方法一

❷ 在弹出的对话框中修改"文本缩进"值。

这里的文本缩进对应的是悬挂缩进，文本缩进值减小，文本就会靠近编号。

方法二

❸ 将"编号之后"改为"空格"或"无特别标示"。

通过以上操作就能调整编号与文字之间的距离。

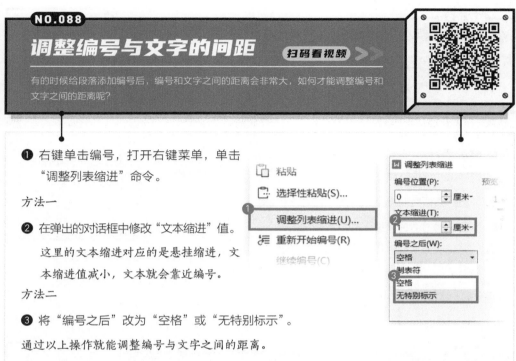

NO.089

让中断的编号继续进行

扫码看视频 >>

有的时候给段落添加编号后，如果在中间加入一行非编号段落，然后再进行编号，就会出现从1开始重新编号的情况，这个时候该怎么解决呢？

❶ 右键单击发生断层的编号。

❷ 在右键菜单中单击"继续编号"命令。

通过以上操作就能继续编号了。

NO.090 关闭自动编号

扫码看视频 >>

当你在文档中输入"一、""1.""①"后按【Enter】键，软件就会自动为文档添加编号，本来不想要编号的，该怎么取消？

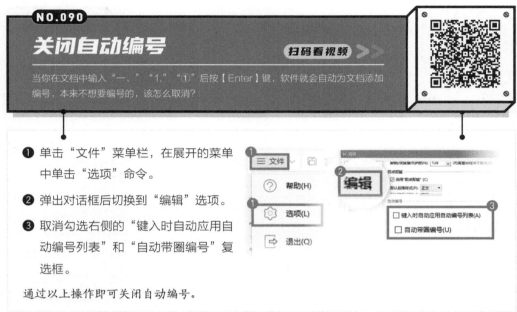

❶ 单击"文件"菜单栏，在展开的菜单中单击"选项"命令。

❷ 弹出对话框后切换到"编辑"选项。

❸ 取消勾选右侧的"键入时自动应用自动编号列表"和"自动带圈编号"复选框。

通过以上操作即可关闭自动编号。

NO.091 各级标题一键添加编号

扫码看视频 >>

为长文档的各级段落标题应用样式之后，还要为其进行一一编号，除了手动添加编号之外，有没有一键完成的方法？

❶ 单击"开始"选项卡。

❷ 单击"编号"下拉按钮。

❸ 在弹出下拉面板的"多级编号"栏中选择后缀带有"标题 1""标题 2""标题 3"的编号样式。

通过以上操作即可一键为各级标题添加数字编号。

NO.092

为标题自定义多级编号

扫码看视频 >>

多级编号库中内置的编号毕竟太少，无法满足我们的个性化需求，比如章编号用"第1章"，节编号用"1.1"，小节编号用"1.1.1"，该怎么做呢？

❶ 单击"开始"选项卡。

❷ 单击"编号"下拉按钮。

❸ 在下拉菜单中单击"自定义编号"命令。

❹ 弹出对话框后切换到"多级编号"选项卡，选中一个样式后，单击"自定义"按钮。

❺ 单击"高级"按钮，展开完整的对话框。

❻ 级别选择"1"，在"编号格式"框中的"①"前后分别输入"第"和"章"。

❼ 将"将级别链接到样式"修改为"标题1"。

❽ 切换级别到"2"，并将"将级别链接到样式"修改为"标题2"。

其他级别按照步骤❽重复设置。

通过以上操作即可设置更个性化的多级编号。

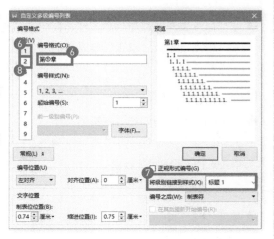

NO.093

解决标题编号不连续问题 扫码看视频 >>

刚写完第一章，该写第二章的第一节了，为什么它的编号不是2.1，而是接着1.2变成了2.3，这该怎么办？

出现这种情况，一般是在定义新的多级列表时出现了错误，解决方案如下。

将光标放置在编号出错的段落。

❶ 单击"开始"选项卡。

❷ 单击"编号"下拉按钮。

❸ 在下拉面板中单击"自定义编号"命令。

❹ 在弹出的对话框中切换到"自定义列表"选项卡，单击"自定义"按钮。

❺ 在"自定义多级编号列表"对话框中，单击"高级"按钮展开完整的对话框。

❻ 在"级别"列表框中选择"2"级。

❼ 在对话框右下角勾选"在其后重新开始编号"复选框，在下方下拉列表中选择"级别1"选项。

❽ 单击"确定"按钮。

确定后会发现错误的编号恢复正常了。

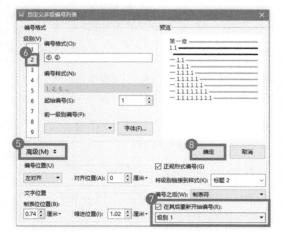

扫码看视频 ≫≫

NO.094

为图片/表格添加编号

一般在文档中插入的图片和表格，都需要为它们进行编号，那图片和表格要怎样才能快速编号呢？

选中图片。

❶ 单击"引用"选项卡。

❷ 单击下方功能区中的"题注"按钮。

❸ 在弹出的对话框中修改"标签"为"图"。如果标签中没有"图"，可以使用"新建标签"新建。

❹ 修改"位置"为"所选项目下方"。

❺ 单击"编号"按钮，弹出新的对话框。

❻ 在对话框中勾选"包含章节编号"复选框。

❼ 单击"确定"按钮。

❽ 在"题注"框中输入名称。

❾ 单击"确定"按钮。

通过以上操作就能为图片添加编号。

为表格编号，仅需在第❸步修改标签为"表"，将第❹步的位置改为"所选项目上方"。

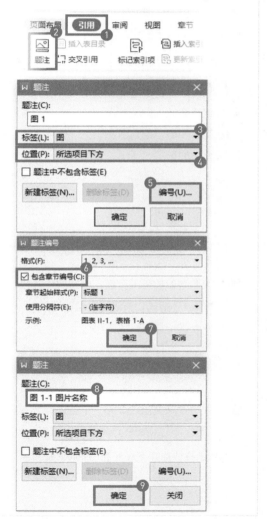

NO.095

为文档插入页眉、页脚

扫码看视频 >>

长文档中使用页脚来放置时间、作者等相关信息，使用页眉来提示章节位置，如何才能为文档添加页眉、页脚呢？

❶ 单击"插入"选项卡。

❷ 单击"页眉页脚"按钮。

此时会跳转到"页眉页脚"选项卡。

❸ 如果需要插入配套的页眉和页脚，单击功能区中的"配套组合"下拉按钮并选择合适的选项。

❹ 如果需要单独插入页眉，单击功能区的"页眉"下拉按钮并选择合适的选项。

❺ 如果需要单独插入页脚，单击功能区的"页脚"下拉按钮并选择合适的选项。

通过以上操作即可完成页眉、页脚的插入。

NO.096

首页不同的页眉、页脚
扫码看视频 >>

很多情况下文档会要求第一页不出现页眉和页脚，这个时候该怎么办呢？

❶ 双击页面上页眉、页脚的位置，进入
　页眉、页脚编辑状态。

❷ 单击"页眉页脚"选项卡。

❸ 单击"页眉页脚选项"按钮。

❹ 弹出对话框后，勾选"首页不同"
　复选框。

完成后，实现第一页不显示页眉、页脚。

NO.097

奇偶页不同的页眉、页脚
扫码看视频 >>

很多情况下文档会要求奇数页和偶数页要用不同的页眉和页脚，这时该怎么办呢？

❶ 双击页面上页眉、页脚的位置，进入
　页眉、页脚编辑状态。

❷ 单击"页眉页脚"选项卡。

❸ 单击"页眉页脚选项"按钮。

❹ 弹出对话框后，勾选"奇偶页不同"
　复选框。

完成后，实现奇偶页显示不同的页眉、页脚。

NO.098

设置各章节不同的页眉

扫码看视频 >>

论文或其他长文档中，会要求每个章节的页眉要自动显示为当前章节的标题，这该怎么设置呢？

❶ 单击"插入"选项卡。

❷ 单击"页眉页脚"按钮。

此时光标自动定位到页眉，选项卡也会跳转到"页眉页脚"。

❸ 单击"页眉页脚"功能区中的"域"按钮。

❹ 在对话框中选择域名为"样式引用"。

❺ 在右侧界面中修改样式名为"标题1"。

❻ 单击"确定"按钮。

通过以上操作就可以为各个章节设置不同的页眉了。

NO.099

设置各部分不同的页码

扫码看视频 >>

论文要求封面标题页不出现页码，摘要至目录使用罗马数字页码，正文部分使用阿拉伯数字页码，这样的页码该怎么设置？

双击摘要至目录部分第一页的页脚，进入页眉、页脚编辑状态。

❶ 单击"插入页码"下拉按钮。

❷ 在弹出的菜单中修改页码样式为"I,II,III..."。

❸ 位置设置为"居中"。

❹ 应用范围设置为"本页及之后"。

❺ 单击"确定"按钮。

双击正文部分第一页的页脚，进入到页眉、页脚编辑状态。

❻ 单击"页码设置"下拉按钮。

❼ 在弹出的菜单中修改页码样式为"1,2,3..."。

❽ 位置设置为"居中"。

❾ 应用范围设置为"本页及之后"。

❿ 单击"确定"按钮。

通过以上操作，就可以设置各个部分不同的页码了。

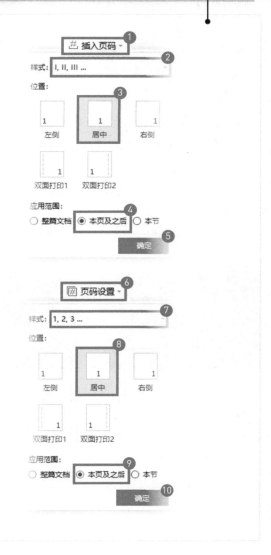

NO.100

删除页眉的横线

扫码看视频 >>

插入页眉之后，总会在页眉处出现一条莫名其妙的横线，该如何让它消失呢？

❶ 双击页眉，进入页眉编辑状态。

❷ 在"页眉页脚"选项卡下单击"页眉横线"下拉按钮。

❸ 在下拉菜单中单击"删除横线"命令。

通过以上操作就可以删除页眉的横线了。

这条页眉横线实际上是页眉的边框线，所以也可以在"开始"选项卡下的"边框"下拉菜单中单击"无框线"命令来取消。

NO.101

在页面上显示标尺

扫码看视频 >>

很多人发现自己的WPS文字软件里面并没有标尺，标尺该怎样调出来呢？

❶ 单击"视图"选项卡。

❷ 在下方功能面板中勾选"标尺"复选框。

通过以上操作就能将标尺调出。

借助标尺可以快速设置或查看段落的缩进格式、制表位、页面边距和栏宽等。

NO.102

调整文档的显示比例

扫码看视频 >>

有时打开WPS文字文档，整个页面变得只有原来页面的四分之一大小，字也很小。不明所以的人还以为是软件坏掉了，其实这只是页面显示比例的问题。

❶ 单击"视图"选项卡。

❷ 在下方功能区中可以快速调整页面为"单页""多页""100%""页宽"的显示效果。

❸ 单击"显示比例"按钮，还可在弹出的对话框中手动修改显示百分比，设置按"文字宽度""页宽"的显示效果。

通过以上操作即可完成显示比例修改。

NO.103

打开文档的导航窗格

扫码看视频 >>

在文档中经常可以看到除了文档目录外，在WPS文字的左侧也会显示一个类似文档结构的导航窗，单击对应标题也可以自动跳转，这个窗格是怎么调出来的？

❶ 单击"视图"选项卡。

❷ 单击"导航窗格"下拉按钮。

❸ 在下拉菜单中选择导航窗格出现的位置。

可选位置有"靠左""靠右"。

通过以上操作即可打开文档的导航窗格。

NO.104

为文档开启护眼模式

扫码看视频 >>

WPS文档页面的背景颜色默认为白色，长时间阅读很容易出现眼疲劳，为了缓解眼疲劳，该如何在WPS文字中设置护眼模式呢？

❶ 单击"视图"选项卡。

❷ 单击"护眼模式"按钮。

通过以上操作即可为 WPS 文字开启护眼模式，缓解眼疲劳。

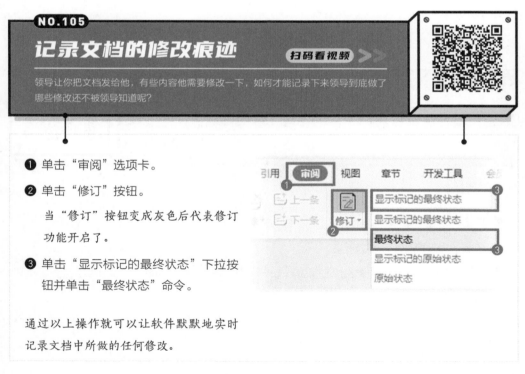

NO.105

记录文档的修改痕迹

扫码看视频 >>

领导让你把文档发给他，有些内容他需要修改一下，如何才能记录下来领导到底做了哪些修改还不被领导知道呢？

❶ 单击"审阅"选项卡。

❷ 单击"修订"按钮。

当"修订"按钮变成灰色后代表修订功能开启了。

❸ 单击"显示标记的最终状态"下拉按钮并单击"最终状态"命令。

通过以上操作就可以让软件默默地实时记录文档中所做的任何修改。

NO.106

比对不同版本文档的差异 扫码看视频 >>

如果文档忘记打开修订功能，如何才能比对两个不同版本文档的差异呢？

① 单击"审阅"选项卡。

② 单击"比较"下拉按钮。

③ 在下拉菜单中单击"比较"命令。

④ 在弹出的对话框中打开需要比较的两个文档。

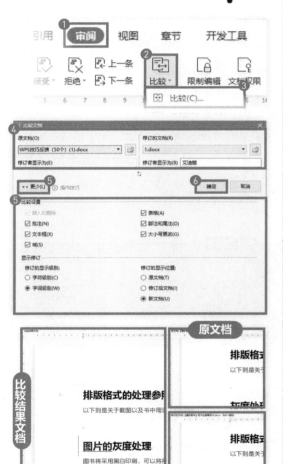

⑤ 单击"更多"按钮，展开更多设置选项，勾选想要对比的选项。

⑥ 单击"确定"按钮，在弹出的新页面中可以看到比较的结果。

布局说明：

新文档的页面分为三个部分：最左侧是"比较结果文档"；最右侧上下对话框分别是原文档和修订的文档。

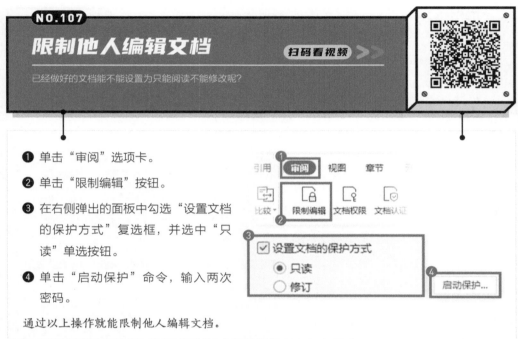

NO.107

限制他人编辑文档

扫码看视频 >>

已经做好的文档能不能设置为只能阅读不能修改呢?

❶ 单击"审阅"选项卡。

❷ 单击"限制编辑"按钮。

❸ 在右侧弹出的面板中勾选"设置文档的保护方式"复选框,并选中"只读"单选按钮。

❹ 单击"启动保护"命令,输入两次密码。

通过以上操作就能限制他人编辑文档。

NO.108

批量接受所有修订内容

扫码看视频 >>

文档如果需要定稿,需要接受或拒绝修订的内容,否则修订的标记会一直存在,除了手动一个一个接受或拒绝,有没有更快的方法呢?

❶ 单击"审阅"选项卡。

❷ 单击"接受"下拉按钮。

❸ 在下拉菜单中单击"接受对文档所做的所有修订"命令。

通过以上操作就能批量接受所有修订。

NO.109

批量删除文档中的空格/空行 扫码看视频 ≫

从网上复制粘贴文本到WPS文字里面，有时会出现莫名其妙的空白和空行，一个一个地删除效率实在太低了，有没有批量完成删除的操作？

❶ 按快捷键【Ctrl+H】打开"查找和替换"对话框。

❷ 在"查找内容"文本框中输入"^p^p"。"^p"指代的是段落标记。

❸ 在"替换为"文本框中输入"^p"。

❹ 单击"全部替换"按钮。

单击多次"全部替换"按钮，直至文档中所有空行消失，就能批量删除所有空行。

清空"查找内容"和"替换为"文本框中的所有内容。

❺ 在"查找内容"文本框中输入一个空格。

❻ "替换为"文本框中不输入任何内容。

❼ 单击"全部替换"按钮。

通过以上操作即可完成空格的清除。

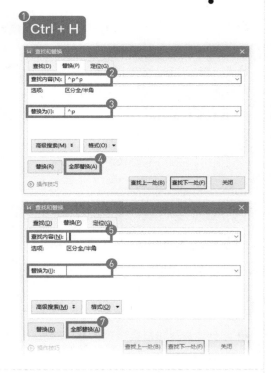

还有一种方法可以快速清除空格／空行。

❶ 单击"开始"选项卡。

❷ 单击"文字排版"下拉按钮。

❸ 在弹出的菜单中单击"删除"命令子菜单中的"删除空段"或"删除空格"命令。

NO.110

批量对齐ABCD选项

扫码看视频 >>

在制作英语试卷的时候，最让人头疼的就是繁多的选项对齐了，面对繁重的对齐工作，有没有快速完成的方法？

❶ 按快捷键【Ctrl+H】打开"查找和替换"对话框。

❷ 在"查找内容"文本框中输入"A."。"."是序号后的标点，可以根据实际情况进行更换。

❸ 单击"替换为"文本框，然后单击"格式"按钮下拉菜单中的"制表位"命令，弹出"替换制表位"对话框。

❹ 在"制表位位置"文本框中输入"10"字符，对齐方式选择"左对齐"，单击"设置"按钮完成一个制表位的设置；重复该操作，完成"20"字符和"30"字符的制表位设置，单击"确定"按钮。

❺ 回到"查找和替换"对话框，单击"全部替换"按钮，为所有选项行设置制表位。（后续步骤见下页）

❻ 在“查找内容”文本框中输入“[B-D].”。

❼ 单击“替换为”文本框，在“格式”按钮下拉菜单中单击“清除格式设置”之后，再输入“^t^&”。

“^t”是制表符，“^&”是查找内容。

❽ 单击“高级搜索”按钮展开完整对话框，在搜索选项里勾选“使用通配符”复选框。

❾ 单击“全部替换”按钮。

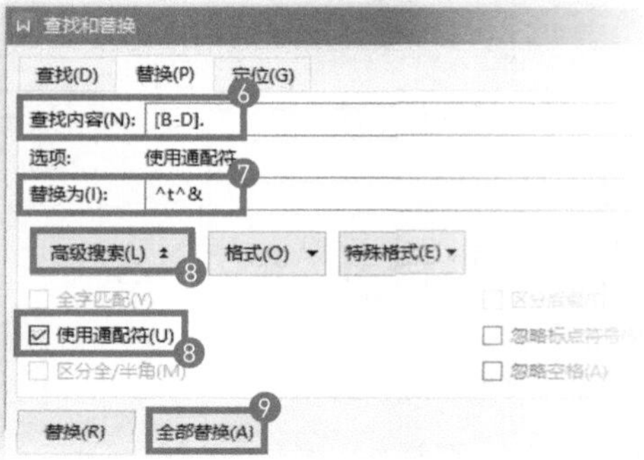

通过以上操作就能完成所有选项的对齐。

NO.111

批量制作填空题下划线

扫码看视频

试卷中除了选择题的选项难以对齐之外，还有一类题型最让人头疼，那就是填空题，你知道如何才能快速地将填空题答案变成下划线吗？

前提：所有答案都被设置为红色。

❶ 按快捷键【Ctrl+H】打开“查找和替换”对话框。

❷ 将光标置于“查找内容”文本框中，单击“格式”下拉按钮，在下拉菜单中单击“字体”命令。

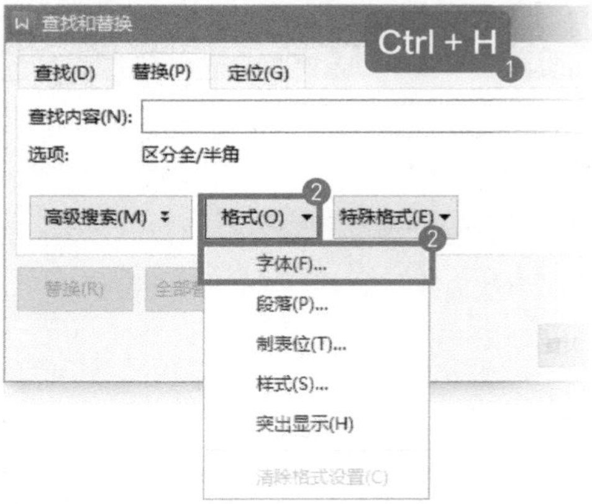

❸ 将“字体颜色”设置为红色，单击“确定”按钮。

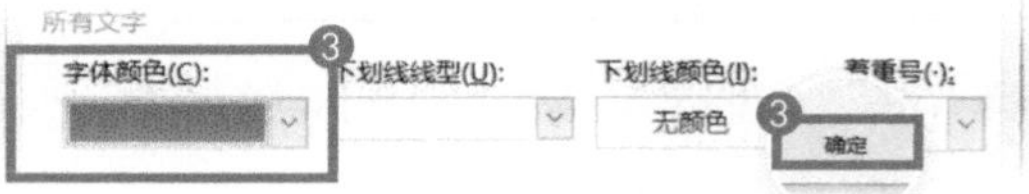

（后续步骤见下页）

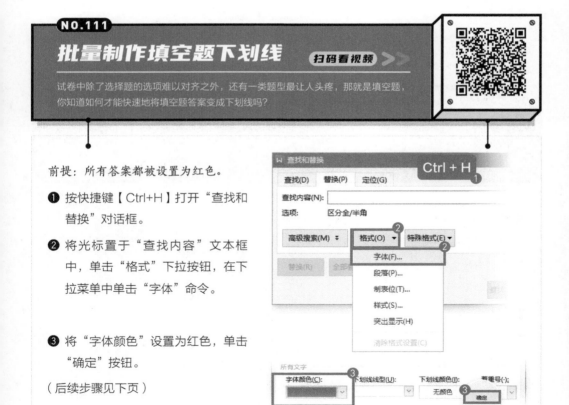

④ 将光标置于"替换为"文本框中，单击"格式"下拉按钮，在下拉菜单中单击"字体"命令。

⑤ 将字体颜色设置为白色，下划线线型设置为单划线，下划线颜色设置为黑色，单击"确定"按钮。

⑥ 单击"全部替换"按钮。

通过以上操作就能完成填空题下划线的制作。

NO.112

批量给手机号打码

扫码看视频 >>

为了防止信息泄露，公司要求对员工的手机号码进行打码处理，中间四位数要变为*号，公司几百号人，一个个修改要到啥时候，有没有更便捷的方法？

❶ 按快捷键【Ctrl+H】打开"查找和替换"对话框。

❷ 在"查找内容"文本框中输入："([0-9]{3})([0-9]{4})([0-9]{4})"。

❸ 在"替换为"文本框中输入"\1****\3"。

❹ 单击"高级搜索"按钮，在弹出的面板中勾选"使用通配符"复选框。

❺ 单击"全部替换"按钮，即可完成。

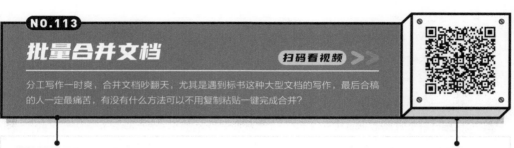

NO.113

批量合并文档

扫码看视频 >>

分工写作一时爽，合并文档吵翻天，尤其是遇到标书这种大型文档的写作，最后合稿的人一定最痛苦，有没有什么方法可以不用复制粘贴一键完成合并？

❶ 单击"插入"选项卡。

❷ 单击"对象"下拉按钮，在下拉菜单中单击"文件中的文字"命令。

❸ 在弹出的对话框中找到并全选需要合并的文档，单击"打开"按钮。

通过以上操作就能快速完成文档合并。

另外，在"会员专享"选项卡下还有一个"文档合并"功能，可以快速对文档进行合并，并且可以指定每个文档要合并的页码范围，以及调整合并的顺序。

NO.114

批量制作与会人员桌签

扫码看视频 >>

公司开重要会议需要给与会领导制作桌签，领导给了你一张姓名WPS表格，除了复制、粘贴，你有没有更快的方法完成桌签制作？

与会人员姓名 WPS 表格如右图所示。

（后续步骤见下页）

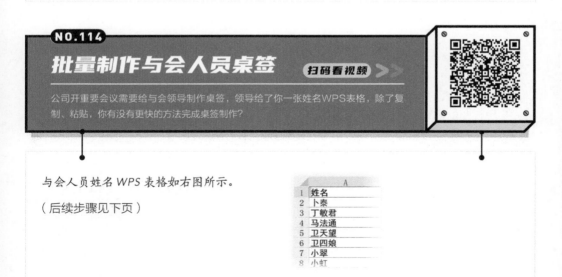

❶ 单击"插入"选项卡。

❷ 单击"文本框"下拉按钮，在下拉
菜单中单击"横向"命令，手动拖
曳插入一个简单文本框。

❸ 按桌签尺寸的一半调整文本框，设
置文本框为无边框颜色。

❹ 在文本框中输入"姓名"，调整字
体大小并居中对齐。

❺ 单击"引用"选项卡。

❻ 单击"邮件"按钮。

软件会自动跳转到"邮件合并"选项卡。

❼ 单击"打开数据源"下拉按钮，在下
拉菜单中单击"打开数据源"命令。

❽ 在弹出的"选取数据源"对话框中找到
并选择名单表格，单击"打开"按钮。

*WPS 的数据源对自家的 ET 格式表格
支持度最好。*

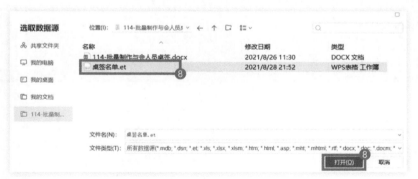

（后续步骤见下页）

❾ 选中文本框中的"姓名",在"邮件合并"选项卡中单击"插入合并域"按钮,弹出对话框后,选择"姓名"域,单击"插入"按钮。

此时文本"姓名"会变为"《姓名》"。

把文本框复制一份,旋转180°后放在原文本框上面。

❿ 单击"查看合并数据"按钮,即可在模板中预览合并后的结果,然后单击"合并到新文档"按钮,在弹出的对话框中选中"全部"单选按钮,再单击"确定"按钮。

通过以上操作就可以完成桌签的制作。

关注微信公众号【老秦】
(ID:laoqinppt),
回复关键词"模板",
即可获取超150份毕业答辩演示模板!

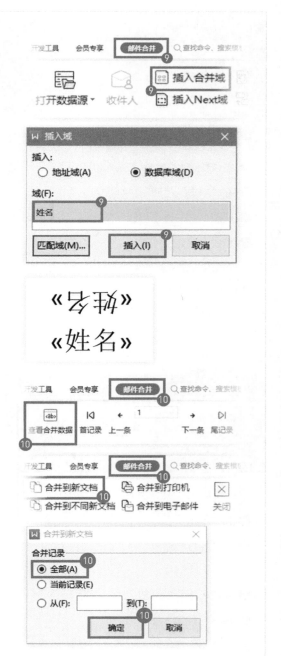

NO.115

同页文件批量打印

扫码看视频 >>

每个附件占一页，公司要求分别将各附件打印10份，而WPS软件默认的打印方式是按顺序打印然后重复，为了方便整理，该如何设置呢？

❶ 按快捷键【Ctrl+P】进入打印对话框。

❷ 在"副本"栏调整"份数"为"10"。

❸ 取消勾选"逐份打印"复选框。

❹ 单击"确定"按钮。

通过以上操作，就能完成同一页文件打印完成后，再打印下一页内容。

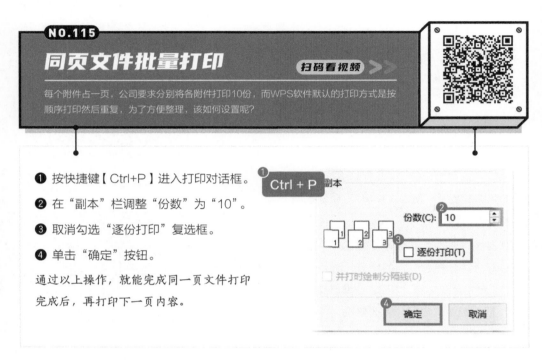

NO.116

文档的缩放打印

扫码看视频 >>

为了响应绿色办公、节约纸张的号召，现在要减少文件打印用纸，有没有什么方法可以让4页纸的内容打印在一页上？

❶ 按快捷键【Ctrl+P】进入打印对话框。

❷ 在"并打和缩放"栏，修改"每页的版数"为"4 版"。

❸ 修改"按纸型缩放"为"A4"。

❹ 单击"确定"按钮。

通过以上操作，就可以将 4 页纸的内容打印在同一页上。

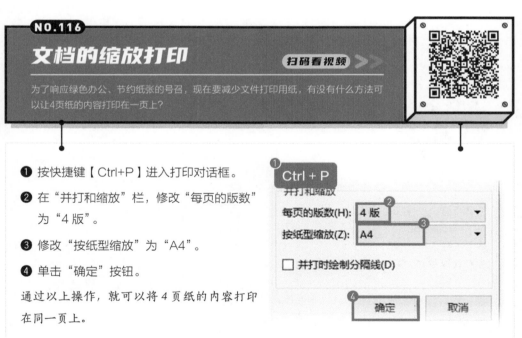

NO.117

自定义打印范围

扫码看视频 >>

领导要求你把一份文档中特定的几页内容打印出来，你要怎么做？

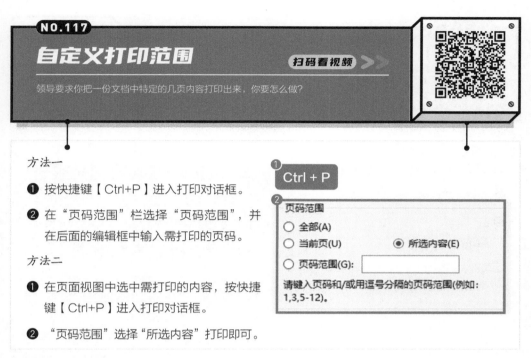

方法一

❶ 按快捷键【Ctrl+P】进入打印对话框。

❷ 在"页码范围"栏选择"页码范围"，并在后面的编辑框中输入需打印的页码。

方法二

❶ 在页面视图中选中需打印的内容，按快捷键【Ctrl+P】进入打印对话框。

❷ "页码范围"选择"所选内容"打印即可。

① Ctrl + P

②

页码范围

○ 全部(A)

○ 当前页(U)　　　　　　　● 所选内容(E)

○ 页码范围(G)：

请键入页码和/或用逗号分隔的页码范围(例如：1,3,5-12)。

NO.118

文档的双面打印

扫码看视频 >>

打印文档时，使用双面打印，既环保又省钱，大大提升了纸张使用率，那如何才能使用双面打印呢？

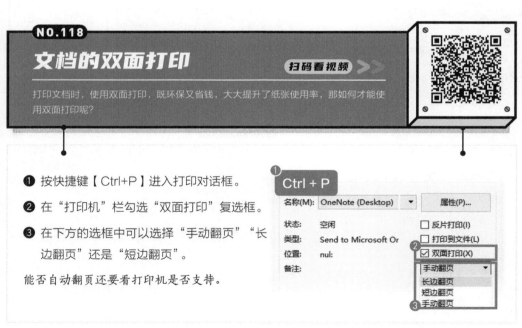

❶ 按快捷键【Ctrl+P】进入打印对话框。

❷ 在"打印机"栏勾选"双面打印"复选框。

❸ 在下方的选框中可以选择"手动翻页""长边翻页"还是"短边翻页"。

能否自动翻页还要看打印机是否支持。

① Ctrl + P

名称(M)：OneNote (Desktop) ▼　　属性(P)...

状态：　空闲　　　　　　　　　□ 反片打印(I)

类型：　Send to Microsoft Or　□ 打印到文件(L)

位置：　nul:　　　　　　　　②☑ 双面打印(X)

备注：　　　　　　　　　　　手动翻页 ▼

　　　　　　　　　　　　　　长边翻页

　　　　　　　　　　　　　　短边翻页

　　　　　　　　　　　　　③手动翻页

NO.119

文档的逆序打印

扫码看视频 >>

打印文档默认都是从第1页开始，到最后还得重新整理一下顺序，能不能把打印顺序调整一下，先从最后一页开始打印呢？

❶ 按快捷键【Ctrl+P】进入打印对话框。

❷ 单击左下角的"选项"按钮。

❸ 在"选项"对话框中勾选"逆序页打印"复选框。

通过以上操作即可实现文档逆序打印。

NO.120

打印页面背景色/图像

扫码看视频 >>

明明为文档设置了页面背景色/图像，但是打印的时候就是显示不出来，这该怎么处理呢？

❶ 按快捷键【Ctrl+P】进入打印对话框。

❷ 单击左下角的"选项"按钮。

❸ 在"选项"对话框中勾选"打印背景色和图像"复选框。

通过以上操作即可实现打印背景色和图像。

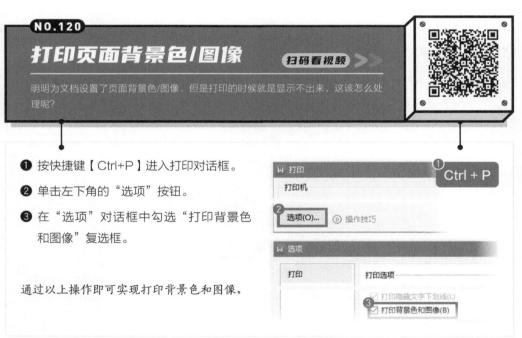

第2篇 »

WPS表格

NO.121

快速录入相同开头的编号 扫码看视频 >>

在录入一些相同开头编号的时候，每一个编号都要重复录入这一部分相同的编号，岂不是既麻烦，又费时间，有没有快速的方法？

录入以"0"开头的编号。

❶ 单击"开始"选项卡中的"单元格格式：数字"按钮。

❷ 在"分类"列表中选择"自定义"类型。

❸ 在"类型"文本框中输入"0000"。

录入格式为"0001"编号的效果如下。

录入以"NO"开头的编号。

❶ 在"分类"列表中选择"自定义"类型。

❷ 在"类型"文本框的原有格式代码前，输入"NO"。

注意：要用一对英文双引号括起来。

这样直接输入数字，就可以得到"NO"开头的编号了，效果如下。

NO.122

录入规范的日期/时间

扫码看视频 >>

WPS表格只能识别规范的日期和时间，如果日期和时间的格式不规范，则不被识别。那规范的日期和时间又该如何正确录入呢？

规范的日期或时间在单元格中的显示，会因为单元格格式的不同而不同。但是规范的日期或时间在编辑栏中的格式完全统一。

规范日期在编辑栏中的格式为 yyyy/m/d，如 2020/1/20。

规范时间在编辑栏中的格式为 hh:mm:ss，如 23:59:00。

"y""m""d""h""m""s"分别代表年、月、日、时、分、秒。

2020/1/20

23:59:00

仅凭编辑栏中的显示格式不能完全确定是规范的日期或时间，如果这种格式的日期或时间能进行统计运算，就表示是规范的日期或时间。

如何录入规范的日期或时间？

按 WPS 表格可识别的标准日期和时间格式手动录入。

WPS 表格中可识别的日期输入方式有 3 种：yyyy/m/d（以"/"连接）、yyyy-m-d（以"-"连接）、yyyy 年 m 月 d 日（以"年""月""日"连接）。

可识别的时间输入方式有两种：23:59（以":"连接）、23 时 59 分（以"时""分""秒"连接）。

日期 / 时间写法能否识别汇总，见右侧表格。

日期写法	能否识别
2020/01/20	√
2020-1-20	√
2020年1月20日	√
2020年1月20号	×
2020.1.20	×

时间写法	能否识别
23:59	√
23时59分	√
23点59分	×

如何快速录入当前日期和时间？

方法一：按快捷键【Ctrl+;】即可快速录入当天日期；按快捷键【Ctrl+Shift+;】即可快速录入当前时间。

方法二：使用任意输入法，在单元格中输入"日期"，输入法会出现当天日期；时间同理。

方法三：使用 TODAY 和 NOW 函数可以自动获取系统当前日期和时间。

NO.123
在多个区域录入相同数据 扫码看视频 >>
在多个区域重复输入相同的数据,一个个手动敲也太慢了吧!有没有快速的方法一次搞定?

❶ 按住【Ctrl】键选择要输入相同数据的区域。

❷ 输入数据,如"男"。

❸ 按快捷键【Ctrl+Enter】进行批量填充。

补充知识点:跨表也可以快速录入相同的
数据。

❶ 按住【Ctrl】键选择多个工作表。

❷ 直接输入数据,就会在多个表中的相
同位置录入相同的数据。

福利!

去哪里学习更多图表的知识?
关注微信公众号【老秦】(ID:laoqinppt),
回复关键词"图表",即可获取"图表学习资源",
各种图表相关的插件、网站、图书……应有尽有!

NO.124

快速录入连续序号

扫码看视频 >>

1、2、3、4、5……这样的连续序号是不是一个个输入的？不用！填充连续序号一秒搞定！

方法一：拖曳法

❶ 在第一个单元格中输入"1"。

❷ 向下拖动单元格右下角的填充柄。

通过以上操作即可快速录入连续序号，如生成的序号相同，就继续以下操作。

❸ 单击区域右下角的"自动填充选项"下拉按钮，在展开的下拉菜单中选中"以序列方式填充"单选按钮，即可完成连续序号录入。

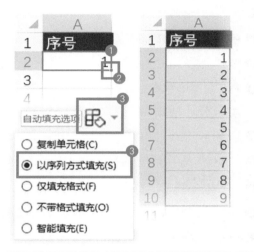

方法二：双击填充法

❶ 在第一个单元格中输入"1"。

❷ 双击单元格右下角的填充柄。

通过以上操作即可快速录入连续序号，如生成的序号相同，就继续以下操作。

❸ 单击区域右下角的"自动填充选项"下拉按钮，在展开的下拉菜单中选中"以序列方式填充"单选按钮，即可完成连续序号录入。

这个方法与拖曳法相似，不过双击填充必须要求旁边有参照列。

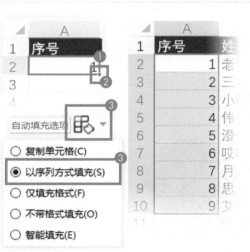

NO.125

录入100个连续序号

扫码看视频 >>

需要批量生成100、1000、10000个连续序号，如何才能快速录入完成？

❶ 输入一个起始值，如"1"。

❷ 单击"开始"选项卡。

❸ 单击"填充"下拉按钮。

❹ 在下拉菜单中单击"序列"命令，弹出"序列"对话框。

❺ "序列产生在"选中"列"单选按钮。

❻ "类型"选中"等差序列"单选按钮。

❼ 在"步长值"文本框中输入"1"。

❽ 在"终止值"文本框中输入"100"。

❾ 单击"确定"按钮，即可生成一个 1~100 的连续序列。

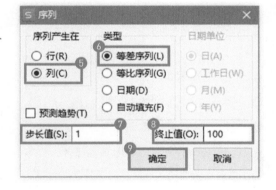

哪里有优质又免费的课程资源？
关注微信公众号【老秦】(ID: laoqinppt)，
回复关键词"优质"，
即可获取 100 门免费优质课程资源包！

NO.126
添加自定义序列

扫码看视频 >>

想让职位按照职位高低排序，有没有办法可以自定义序列排序？

❶ 单击功能区左上角的"文件"按钮。

❷ 在下拉菜单中单击"选项"命令，弹出"选项"对话框。

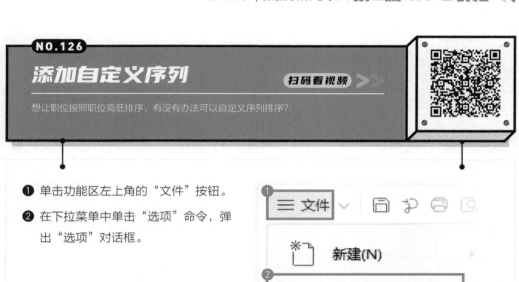

❸ 单击"自定义序列"选项卡。

❹ 在"自定义序列"列表中选择"新序列"。

❺ 在"输入序列"文本框中输入序列。

❻ 单击"添加"按钮。

单元格中有现成的职位信息，也可以直接从单元格中导入序列。

NO.127

批量向下填补空单元格

扫码看视频 >>

录入数据时，为了方便，我们先找到分组的第一个单元格输入数据，然后下面的单元格空着，留着一起批量填补。那如何快速将其他空单元格填上相同的内容呢？

❶ 选择整列数据区域，在"开始"选项卡下单击"合并居中"下拉按钮。

❷ 在下拉菜单中单击"合并相同单元格"命令。

这样就可以将有数据单元格和空单元格进行合并。

❸ 再在"合并居中"下拉菜单中单击"拆分并填充内容"命令。

通过以上操作就可以将空单元格填补上内容。

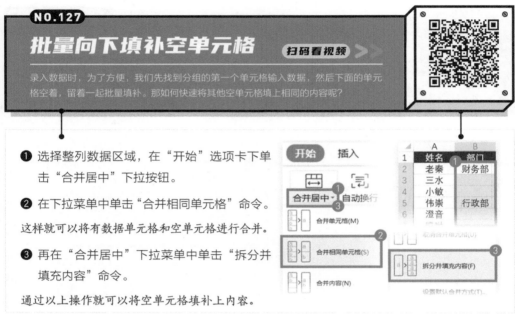

NO.128

防止输入重复数据

扫码看视频 >>

录入数据时很容易输错，不小心工号写重复了，不小心名字重复录入了……

能不能在输入数据时自动出现数据重复提醒？

想要在 WPS 表格中实现这个效果，非常简单！

❶ 选择不允许输入重复值的单元格区域，单击"数据"选项卡。

❷ 在功能面板中单击"重复项"下拉按钮。

❸ 在下拉菜单中单击"拒绝录入重复项"命令，在弹出的对话框中直接单击"确定"按钮即可。

当输入重复数据时，会弹出错误提醒。

NO.129

限定输入11位手机号

扫码看视频 >>

录入员工信息，等到要拨打手机号的时候才发现，号码位数不对，这个怎么少了一位？那个怎么多了一位？如何才能避免无效号码的录入？

❶ 选择需录入手机号的单元格区域。

❷ 单击"数据"选项卡。

❸ 单击"有效性"按钮。

❹ 在"数据有效性"对话框中进行如下设置。

● "允许"下拉菜单中选择"文本长度"。

● "数据"下拉菜单中选择"等于"。

● "数值"参数框中输入"11"。

❺ 单击"确定"按钮。

当输入号码不是11位时，即出现弹窗提醒（见右图）。

另外，在"数据有效性"对话框的"出错警告"选项卡中还可以自定义出错警告内容。

错误提示
您输入的内容，不符合限制条件。

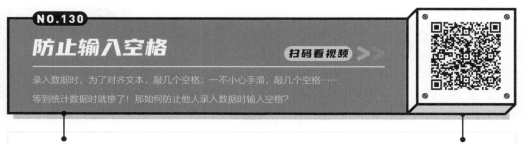

防止输入空格

扫码看视频 >>

录入数据时，为了对齐文本，敲几个空格；一不小心手滑，敲几个空格……
等到统计数据时就惨了！那如何防止他人录入数据时输入空格？

❶ 选择"不允许输入空格"的单元格区域。

❷ 单击"数据"选项卡。

❸ 单击"有效性"按钮。

❹ 在"允许"下拉列表中选择"自定义"选项，在"公式"参数框中输入公式。

　　不同位置空格的限制可用不同公式。

❺ 单击"确定"按钮。

接下来看看不同限制情况下的公式写法。

【情况 1】任意位置不能出现空格

公式：=COUNTIF(A2,"* *")=0（* 之间有空格）

【情况 2】开头不能出现空格

公式：=COUNTIF(A2," *")=0（* 前有空格）

【情况 3】结尾不能出现空格

公式：=COUNTIF(A2,"* ")=0（* 后有空格）

通配符说明。

*：代表任意个任意字符

?：代表任意一个字符

使用通配符来做模糊条件计数，可以自由限制空格的位置。

NO.131

设置下拉列表

扫码看视频 >>

不同人在写同一个部门名称时总有五花八门的写法，到做汇总统计时又会增加工作量。如果能设置一个下拉列表直接选择，就能避免录入的麻烦和错误了！

❶ 选择需设置下拉列表的单元格区域。

❷ 单击"数据"选项卡。

❸ 单击"有效性"按钮。

❹ 在"允许"下拉列表中选择"序列"选项。

❺ 单击"来源"参数框，直接从表格中选择现成的部门名称单元格区域。

❻ 单击"确定"按钮。

设置完成之后，单击选中单元格，单元格右方会出现一个倒三角按钮，单击该按钮即可进入下拉列表进行选择。

以上是在 WPS 表格中设置下拉列表的原理，使用数据有效性功能来实现。但其实还有个快捷方法来设置下拉列表。

❶ 选中数据区域之后单击"数据"选项卡下的"下拉列表"按钮。

❷ 选中"从单元格选择下拉选项"单选按钮，然后单击下方参数框，选择部门名称单元格区域。

❸ 单击"确定"按钮即可设置下拉列表。

NO.132
设置二级下拉列表

扫码看视频 >>

当有多级项目名称需要录入时，比如录入一级名称"部门"，如何设置联动的二级名称"职务"的下拉列表？

准备好多级项目名称参数表（见右图）。

一级名称"部门"下面对应的是其二级名称"职务"。

财务部	人事部	行政部
会计	主管	行政经理
出纳	招聘专员	档案管理员
稽核	薪酬福利专员	
	培训专员	

❶ 选择需设置一级下拉列表的单元格区域"部门"列。

❷ 单击"数据"选项卡中的"有效性"按钮。

❸ 在"允许"下拉列表中选择"序列"选项，单击"来源"参数框右侧的折叠按钮，选择表中的部门名称单元格区域，然后单击"确定"按钮。

这样一级列表就设置好了，接下来设置二级列表。

注意：设置完一级列表后先选中一个选项，否则设置二级列表时会提示错误。

（后续步骤见下页）

❹ 单击选中名称参数表中任一单元格后，按快捷键【Ctrl+A】全选名称参数表，再按快捷键【Ctrl+G】打开"定位"对话框。

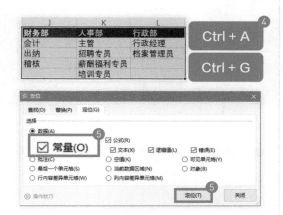

❺ 选中"数据"单选按钮，然后勾选"常量"复选框，单击"定位"按钮，选择有数据的单元格。

❻ 单击"公式"选项卡中的"指定"按钮。

❼ 在"指定名称"对话框中勾选"首行"复选框，然后单击"确定"按钮。

❽ 选择需设置二级下拉列表的单元格区域"职务"列，重复第❷步操作打开"数据有效性"对话框。

❾ 在"允许"下拉列表中选择"序列"选项，在"来源"参数框中输入公式：=INDIRECT(B2)，单击"确定"按钮。

完成以上操作，二级下拉列表即创建完成。

NO.133

输入负数时自动显示红色 扫码看视频 >>

有时输入数据，为了区分正负数，需要人工去标记字体颜色。完全不必！

❶ 选择需输入数据的单元格区域。

❷ 在"开始"选项卡中单击"单元格格式：数字"按钮。

❸ 在"分类"列表中选择"数值"类型。

❹ 在"负数"格式列表中选择一种红色字体的格式。

❺ 单击"确定"按钮。

设置完成之后的单元格，如果输入负数，则会自动显示对应的红色字体格式。

选择"负数"格式之后，再在"分类"列表中选择"自定义"类型，可以在"类型"文本框中看到该格式的类型代码，这个代码是可以自定义的。

	A	B
1	**姓名**	**分数**
2	老秦	0.47
3	三水	-0.62
4	小敏	0.90
5	伟崇	-0.53
6	澄音	-0.28
7	哎呦	0.76
8	月月	**类型(T)：**
9	思彤	
10	艾迪鹅	0.00_;[红色]-0.00

NO.134
快速添加文本单位

扫码看视频 >>>

录入的每个数据如果都手动添加单位的话，不仅效率非常低，而且不便于后期做统计汇总。有一个办法可以快速添加文本单位，还不影响数据统计！

❶ 选择需输入数据的单元格区域。

❷ 在"开始"选项卡中单击"单元格格式：数字"按钮。

❸ 在"分类"列表中选择"自定义"类型。

❹ 在"类型"文本框中的已有代码后添加"课时"。

注意：用一对英文引号把单位括起来。

❺ 单击"确定"按钮。

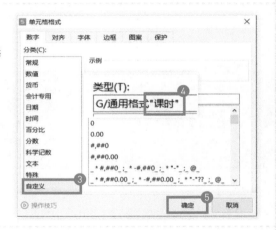

在设置完成的单元格中输入数字，就会自动出现单位。

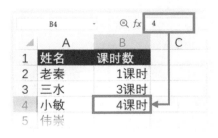

NO.135

以万为单位显示数据

扫码看视频 >>

用WPS表格统计数据，当数据的位数比较多时，数据大小识别起来不明显，我们可以让数据以万为单位来显示。

❶ 选择数据区域，按快捷键【Ctrl+1】打开"单元格格式"对话框。

❷ "分类"选择"特殊"，"类型"选择"单位：万元"，再选择"万"。

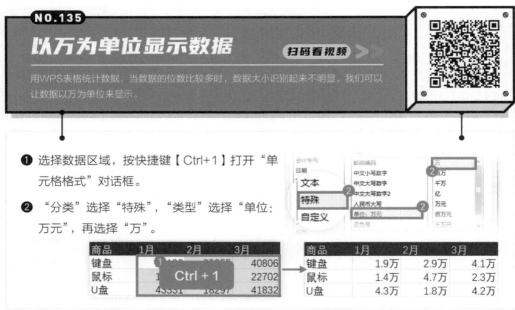

NO.136

快速将姓名两端对齐

扫码看视频 >>

为了让表格美观，需要将数据两端对齐。如何能快速地将数据两端对齐呢？

❶ 选择数据区域，按快捷键【Ctrl+1】打开"单元格格式"对话框。

❷ 单击"对齐"选项卡，在"水平对齐"下拉菜单中选择"分散对齐（缩进）"命令。

NO.137

在单元格内换行

扫码看视频 ≫≫

在WPS表格单元格内换行，按回车键可没有用！当然也不是狂敲空格！
那如何在单元格内换行？

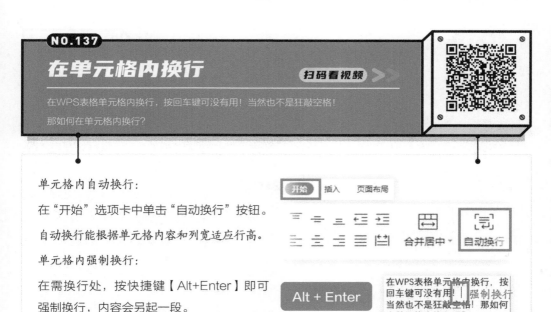

单元格内自动换行：

在"开始"选项卡中单击"自动换行"按钮。

自动换行能根据单元格内容和列宽适应行高。

单元格内强制换行：

在需换行处，按快捷键【Alt+Enter】即可
强制换行，内容会另起一段。

NO.138

行高列宽自动适应内容

扫码看视频 ≫≫

单元格太高太矮、太宽太窄，一个个去调整行高列宽太慢！如何能快速调整行高列宽
自动适应单元格内容？

方法一

选择单元格区域，在"开始"选项卡中的
"行和列"下拉菜单中单击"最适合的列
宽"命令。

方法二

选择需调整列宽的多列，双击列标与列标
之间的分界线，即可批量调整多列列宽。

说明：调整行高同理。

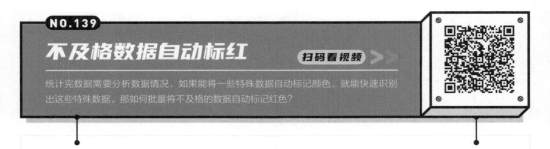

NO.139
不及格数据自动标红

扫码看视频 >>

统计完数据需要分析数据情况，如果能将一些特殊数据自动标记颜色，就能快速识别出这些特殊数据。那如何批量将不及格的数据自动标记红色？

使用"条件格式"功能可突出显示指定值。

❶ 选择数据区域。

❷ 在"开始"选项卡中单击"条件格式"下拉按钮，弹出下拉菜单。

❸ 在"突出显示单元格规则"命令子菜单中在单击"小于"命令，弹出"小于"对话框。

❹ 在左边参数框中输入及格线"60"。

❺ 在"设置为"下拉菜单中选择"浅红填充色深红色文本"选项。

❻ 单击"确定"按钮。

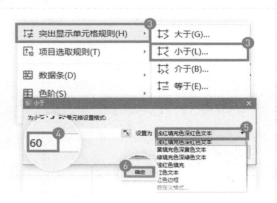

设置完成之后即可实现"数据小于 60 自动变红"的效果。

补充知识点：用自定义单元格格式也可以实现字体变红的效果——自定义格式类型为：[红色][<60]0;0。

姓名	分数
老秦	76
三水	59
小敏	90
伟崇	74
澄音	78
哎呦	51
月月	67
李思彤	68
爱迪鹅	57

[红色][<60]0;0

NO.140

到期数据整行变色

扫码看视频 >>

当数据列很多的时候，如果只有一个日期单元格到期提醒可能看起来不是很直观。那如何做到让到期的数据整行变色提醒？

要求：合同 30 天内到期数据整行变色。

❶ 选择数据区域 A2:D10。

❷ 在"开始"选项卡中的"条件格式"下拉菜单中单击"新建规则"命令。

❸ 在"选择规则类型"列表中选择"使用公式确定要设置格式的单元格"类型。

❹ 在下方参数框中编辑规则公式：

=$D2-TODAY()<30

❺ 单击"格式"按钮进入"单元格格式"对话框，设置一个单元格底纹颜色。

❻ 单击"确定"按钮。

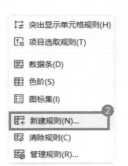

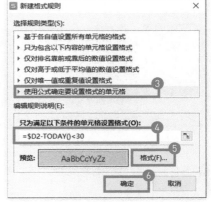

注意：

1. 选择区域当前活动单元格为 A2，所以编辑规则公式时按照 A2 单元格进行编写；

2. 公式中 $D2 单元格的引用是锁列不锁行；

3. 使用 TODAY 函数来获取当天日期（截图日期为 2021/8/13 ）。

NO.141

复制格式到其他区域

扫码看视频 >>

多个不连续区域需要相同的格式，你是一块一块单独设置的吗？不用！表格格式是可以复制的！

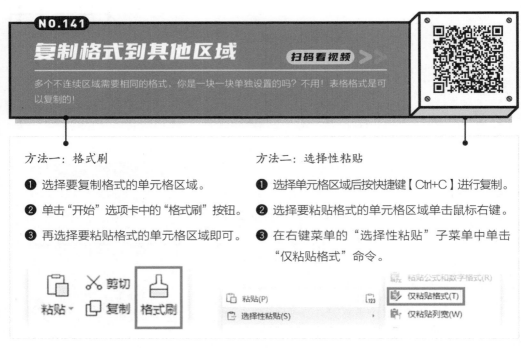

方法一：格式刷

1 选择要复制格式的单元格区域。

2 单击"开始"选项卡中的"格式刷"按钮。

3 再选择要粘贴格式的单元格区域即可。

方法二：选择性粘贴

1 选择单元格区域后按快捷键【Ctrl+C】进行复制。

2 选择要粘贴格式的单元格区域单击鼠标右键。

3 在右键菜单的"选择性粘贴"子菜单中单击"仅粘贴格式"命令。

NO.142

快速清除表格格式

扫码看视频 >>

当WPS表格单元格中有多余的格式需要清除时，如何能批量清除？

1 选择需清除格式的单元格区域，单击"开始"选项卡。

2 在"清除"下拉菜单中单击"格式"命令，即可清除单元格格式。

补充知识点：如何清除智能表格样式？

选择智能表格后，在"表格工具"选项卡中样式的"其他"下拉菜单中单击"清除"命令，即可清除智能表格样式，而不影响单独设置的单元格格式。

NO.143

快速套用表格样式

扫码看视频 》》

默认的表格样式太单调，有没有什么方法可以快速美化表格？当然有，直接套用表格样式就可以了！

方法一

❶ 选择需美化的单元格区域。

❷ 单击"开始"选项卡。

❸ 在下方功能面板中的"表格样式"下拉菜单中选择一个合适的样式。

❹ 在弹出的"套用表格样式"对话框中选中"仅套用表格样式"单选按钮。

如需将数据区域转为智能表格，则选中"转换成表格，并套用表格样式"单选按钮。

❺ 单击"确定"按钮。

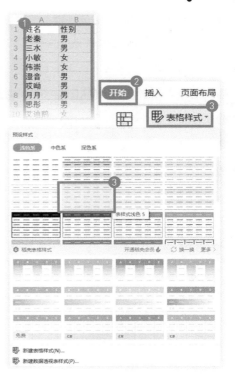

方法二

❶ 选中单元格区域，直接按快捷键【Ctrl+T】。

❷ 在弹出的"创建表"对话框中勾选"表包含标题"复选框。

❸ 单击"确定"按钮。

NO.144

跨文件移动/复制工作表

扫码看视频 >>

一个工作簿中会有多个工作表，如果其中一个或几个工作表需要移动或复制到另一个工作簿中，如何操作最快速？

❶ 选择需要移动或复制的工作表。

　按住【Ctrl】键单击工作表标签可以多选工作表；

　按住【Shift】键单击可以选择连续多个工作表。

❷ 在选中工作表标签上单击鼠标右键，弹出右键菜单。

❸ 单击"移动工作表"命令弹出"移动或复制工作表"对话框。

❹ 在"工作簿"下拉列表中选择另一个工作簿（或者新工作簿）。

❺ 单击"确定"按钮，即可完成工作表的跨文件移动；或勾选"建立副本"复选框后单击"确定"按钮，即完成工作表的跨文件复制。

NO.145

隐藏/显示工作表

扫码看视频 >>

有时为了文件的保密或其他需求，我们需要将部分工作表隐藏或显示。那如何隐藏/显示工作表？

隐藏工作表

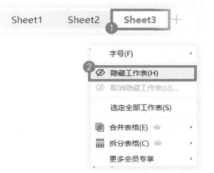

❶ 选择需隐藏的工作表，在工作表标签上单击鼠标右键。

❷ 在右键菜单中单击"隐藏工作表"命令即可。

说明：

按住【Ctrl】键可以选择多个工作表同时隐藏；

按住【Shift】键可以选择连续多个工作表同时隐藏。

显示工作表

❶ 在任意工作表标签上单击鼠标右键。

❷ 右键菜单中单击"取消隐藏工作表"命令，弹出"取消隐藏"对话框。

❸ 在"取消隐藏工作表"列表中选择需取消隐藏的工作表，单击"确定"按钮。

说明：按住【Ctrl】键可以选择多个工作表同时取消隐藏；按住【Shift】键可以选择连续多个工作表同时取消隐藏。

关注微信公众号【老秦】(ID：laoqinppt)；
回复关键词"模板"，即可获取超100份电子模板，
财务管理、产品管理、客户管理、销售管理……
各种电子表格模板应有尽有！

NO.146

折叠隐藏超宽表格

扫码看视频 >>

表格太宽不方便查看信息？那能不能把同类别的数据折叠在一起，想看的时候打开，不想看的时候折叠起来？

❶ 选择要折叠的多列单元格区域，如 A:C。

❷ 在"数据"选项卡中单击"创建组"按钮。

在列标上方会看到出现两个层级，及一个折叠按钮 **-**。

❸ 单击折叠按钮 **-** 即可将对应列折叠。

折叠之后按钮变成 **+**，单击即可展开。

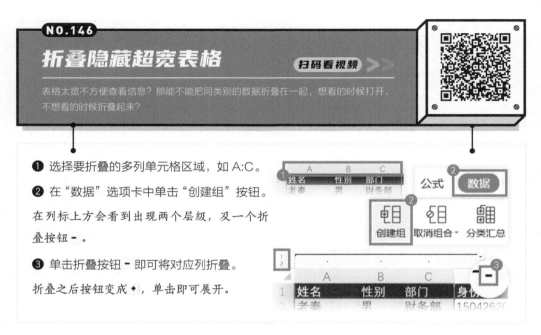

NO.147

固定表头不动

扫码看视频 >>

在WPS表格中滚动鼠标上下查看数据时，表头会往上跑，这样非常不便于查看数据。如何固定表头，让表头保持在可见范围内？

❶ 选择无须固定的第一个单元格（非冻结区域左上角单元格）。

❷ 在"视图"选项卡中的"冻结窗格"下拉菜单中单击"冻结至第1行A列"命令。（"第1行A列"会根据第❶步选择的单元格而变动）

冻结分界线

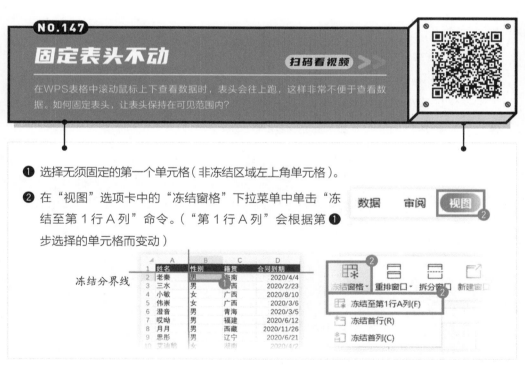

NO.148

快速移动到指定位置

扫码看视频 >>

WPS表格很大，有1048576(行)×16384(列)个单元格。想要编辑某个单元格首先必须选择这个单元格，那在这么多单元格中如何快速移动到指定位置？

移动至指定名称单元格：

在名称框中输入单元格名称（列标＋行号），按【Enter】键，即可快速跳转至该单元格。

移动至区域边缘单元格：

按快捷键【Ctrl+方向键（↓、→、↑、←）】可分别快速移动至连续数据区域的下、右、上、左边缘。

如果要求选择至边缘，则按快捷键【Ctrl+Shift+方向键（↓、→、↑、←）】。

NO.149

查找包含指定字符内容

扫码看视频 >>

表格中数据很多，经常需要查找包含某些指定字符的单元格。使用查找功能可以帮助我们快速查找数据，不过查找功能你用对了吗？

查找包含"艾迪鹅"3个字符。

❶ 选择单元格区域，按快捷键【Ctrl+F】打开"查找"对话框。

❷ 在"查找内容"文本框中输入"艾迪鹅"。

❸ 单击"查找全部"按钮。

可查到所有包含"艾迪鹅"3个字符的单元格。

（后续步骤见下页）

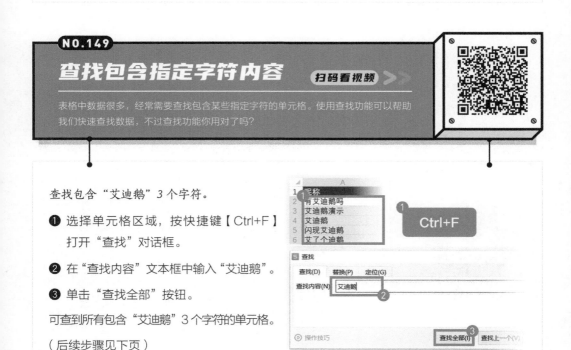

查找只有"艾迪鹅"3个字符。

❶ 按快捷键【Ctrl+F】打开"查找"
对话框,单击"选项"按钮。

展开更多查找选项可供设置。

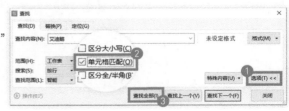

❷ 勾选"单元格匹配"复选框。

❸ 在"查找内容"文本框中输入"艾迪鹅",单击"查找全部"按钮。

查找结果是只包含"艾迪鹅"3个字符的单元格。

"单元格匹配"功能限制了查找结果必须和输入的查找内容完全一致。反之,不勾选"单元格匹配"复选框,只要单元格中包含查找内容,就是符合查找要求的结果。

将"单元格匹配"功能和通配符结合,可以更精确地限制查找要求,比如:

● 查找第2、3、4个字符是"艾迪鹅",查找内容可以是【? 艾迪鹅 *】

● 查找最后3个字符是"艾迪鹅",查找内容可以是【* 艾迪鹅 】

● 查找第1个字符之后包含"艾迪鹅",查找内容可以是【?* 艾迪鹅 *】

常用通配符解释:

*:代表任意个任意字符

?:代表任意一个字符

~:表示 ~ 右侧的符号为普通字符(非通配符)

补充说明:替换功能的通配符使用与查找完全一致。

关注微信公众号【老秦】(ID:laoqinppt);
回复关键词"逻辑",
即可获取"逻辑速查手册",
学习工作应用中经典的逻辑、框架、模型!

NO.150

查找同一颜色单元格

扫码看视频 >>

WPS表格中经常会用颜色来标记区分单元格属性，如果想要把某一种颜色单元格快速找出来，可以怎么做？

❶ 选择需查找的单元格区域，按快捷键【Ctrl+F】打开"查找"对话框。

❷ 单击"选项"按钮展开更多查找选项。

❸ 单击"格式"下拉按钮，在下拉菜单中单击"设置格式"命令，弹出"查找格式"对话框。

在"查找格式"对话框中可以自定义格式，包括单元格底纹。

❹ 单击"图案"选项卡，在"颜色"面板中选择一种底纹颜色，单击"确定"按钮。

❺ 回到"查找"对话框中单击"查找全部"按钮。

在查找结果中按快捷键【Ctrl+A】即可全选查找结果。

查找格式包括数字、对齐、字体、边框、图案、保护等格式，只要我们能确定所需查找单元格的格式，就可以通过"查找格式"功能来批量查找，为我们快速定位目标单元格提供了很大的帮助。

如果只需根据单元格底纹颜色进行查找，也可以在第❸步中的"格式"下拉菜单中，在"从单元格选择格式"下方选择"背景颜色"，从单元格中获取指定底纹颜色，从而快速查找到目标单元格。

111

NO.151

查找合并单元格

扫码看视频 >>

统计分析数据时，比如排序，经常会弹出一条合并单元格的提醒影响后续操作。可是表格那么大、数据那么多，根本看不见合并单元格在哪儿，怎么办？

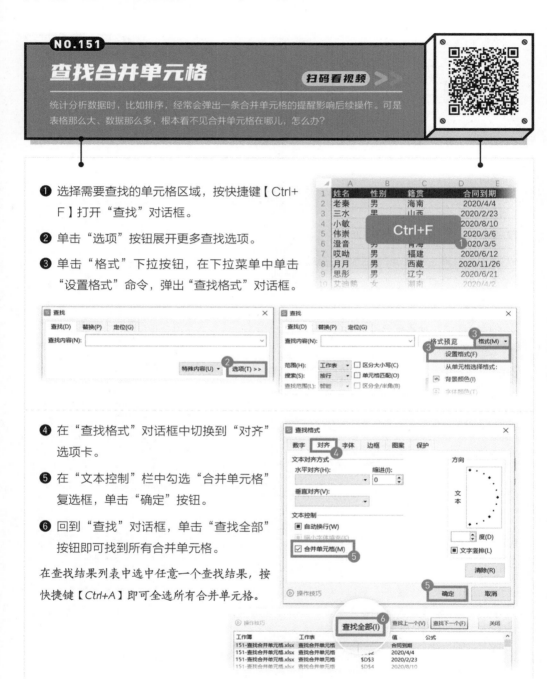

❶ 选择需要查找的单元格区域，按快捷键【Ctrl+F】打开"查找"对话框。

❷ 单击"选项"按钮展开更多查找选项。

❸ 单击"格式"下拉按钮，在下拉菜单中单击"设置格式"命令，弹出"查找格式"对话框。

❹ 在"查找格式"对话框中切换到"对齐"选项卡。

❺ 在"文本控制"栏中勾选"合并单元格"复选框，单击"确定"按钮。

❻ 回到"查找"对话框，单击"查找全部"按钮即可找到所有合并单元格。

在查找结果列表中选中任意一个查找结果，按快捷键【Ctrl+A】即可全选所有合并单元格。

NO.152

保护工作表不被修改

扫码看视频 >>

文件协作时，文件中的某几个工作表可能不允许被修改，比如参数表。那如何能保护工作表不被修改？

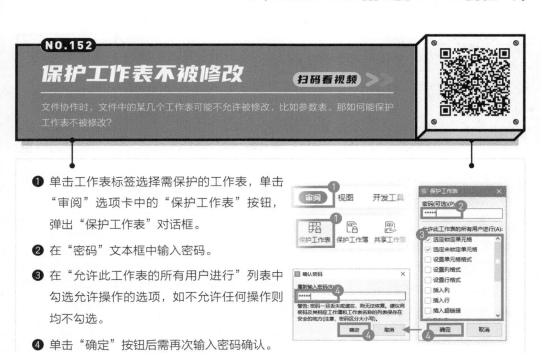

❶ 单击工作表标签选择需保护的工作表，单击"审阅"选项卡中的"保护工作表"按钮，弹出"保护工作表"对话框。

❷ 在"密码"文本框中输入密码。

❸ 在"允许此工作表的所有用户进行"列表中勾选允许操作的选项，如不允许任何操作则均不勾选。

❹ 单击"确定"按钮后需再次输入密码确认。

完成所有操作后，工作表即处于被保护状态。

NO.153

为表格文件设置密码

扫码看视频 >>

为防止文件内信息被无关人员获取，有时需要把整个文件上锁。如何为表格文件设置密码？

❶ 单击"文件"按钮，在下拉菜单中的"文档加密"命令子菜单中单击"密码加密"命令。

❷ 在弹出的"密码加密"对话框中可以分别设置"打开权限"和"编辑权限"的密码。

友情提醒：一定要把密码和文件名做好备忘，否则密码找不回来文件就打不开了。

NO.154

限定表格编辑范围

扫码看视频 >>

分发表格给他人填写时，总有人会改动表格结构。如何保护表格只允许在指定范围内编辑数据，而不能修改表格结构？

❶ 全选表格，按快捷键【Ctrl+1】打开"单元格格式"对话框，在"保护"选项卡中勾选"锁定"复选框。

❷ 选择允许编辑的单元格区域，按快捷键【Ctrl+1】打开"单元格格式"对话框，取消勾选"锁定"复选框。

❸ 在"审阅"选项卡中单击"保护工作表"按钮。

❹ 在"允许此工作表的所有用户进行"列表中只勾选"选定未锁定单元格"复选框，设置密码即可。

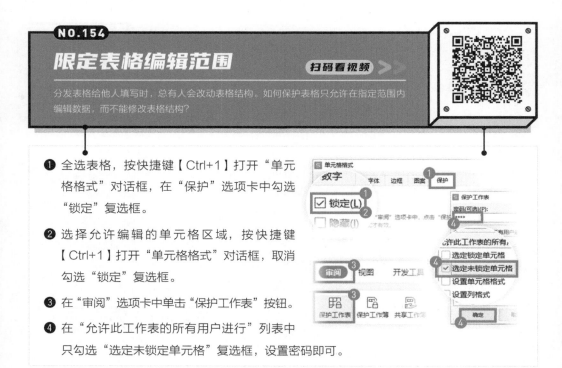

NO.155

打印表格边框

扫码看视频 >>

有没有遇到过这样的情况：打印出来的表格文件没有边框，可在计算机上看到明明是有边框的。这是怎么回事？

表格中看到的表格边框其实是 WPS 表格的参考线——"网格线"。在"视图"选项卡中，可以取消显示"网格线"。想要打印表格边框有两种方法。

方法一：在"视图"选项卡中勾选"打印网格线"复选框，在打印时就能将有数据区域的网格线打印出来。

方法二：选择数据区域，在"开始"选项卡的"所有框线"下拉菜单中单击"所有框线"命令，即可将数据区域的边框添加上。如需设置框线的颜色、样式，则需使用"绘图边框"功能。

NO.156

居中打印表格

扫码看视频 ≫

表格不够一页纸宽度时，整个表格都挤在页面的左侧，右侧一片空白，内容没有居中，看起来很不美观。如何在纸张上居中打印表格呢？

❶ 单击"页面布局"选项卡中的"页面设置"按钮。

❷ 在"页面设置"对话框中单击"页边距"选项卡。

❸ 在"居中方式"栏中勾选"水平"复选框。

❹ 单击"确定"按钮。

通过以上操作即可居中打印表格。

NO.157

纵向打印变横向打印

扫码看视频 ≫

当表格很宽，纸张宽度不够打印时，可以将纸张的方向旋转90°，由纵向打印变为横向打印。

打开要打印的工作表，进行以下操作。

❶ 单击"页面布局"选项卡。

❷ 在功能面板中单击"纸张方向"下拉按钮。

❸ 在下拉菜单中单击"横向"命令，即可调整打印方向。

同样的纸张大小，当把纸张长边当作宽边放置表格时，可以放更多数据，或者可以把表格变大。

NO.158

打印选定的区域

扫码看视频 >>

表格中数据过多时，全部打印不仅废纸，可能还看不清楚。如果能只打印其中一部分需要的区域就可以解决这个问题。WPS表格中如何设置只打印局部区域？

❶ 鼠标选中需要打印的单元格区域。

❷ 在"页面布局"选项卡中，单击"打印区域"下拉按钮。

❸ 在弹出的下拉菜单中单击"设置打印区域"命令。

如果要打印多个数据区域，可以在第❶步中按住【Ctrl】键的同时选中多个数据区域，打印的结果会分别放置在不同页上。

NO.159

每一页自动添加表头

扫码看视频 >>

打印很长的数据表格时，需要每一页都添加上表头标题行。如果一页页手动添加，当数据发生增删时，添加的表头还会改变位置，又得重新调整，太麻烦了！

使用"打印标题"功能可以自动给每页添加表头标题。

❶ 在"页面布局"选项卡中单击"打印标题"按钮，弹出"页面设置"对话框。

❷ 单击"打印区域"参数框右侧的折叠按钮，选择需打印的数据区域。

❸ 单击"顶端标题行"参数框右侧的折叠按钮，鼠标指针移至标题行上，当鼠标指针变成黑色箭头时，选中标题行，最后单击"确定"按钮即可自动给每一页添加表头。

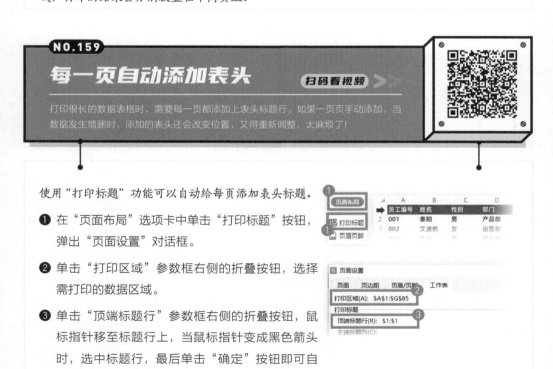

NO.160

快速压缩到一页宽打印

扫码看视频 >>

打印表格时经常发现，因为表格宽了一点点，导致表格跨页打印，完整的一行数据被拆到了两页纸上。那如何快速将表格压缩在一页宽纸上进行打印？

❶ 单击"页面布局"选项卡。

❷ 在下方功能面板中单击"打印缩放"下拉按钮。

❸ 在下拉菜单中单击"将所有列打印在一页"命令。

这个方法简单直接，无论表格多宽，都会把它设置在一页宽内打印。同理，也可以快速把表格所有行打印在一页内。

在"页面设置"对话框中，还可以将页面做其他缩放设置，自定义几页宽几页高。

NO.161

自定义页码样式

扫码看视频 >>

每个公司的报表格式要求都不一样，一个页码就可能有千奇百怪的样式要求，在WPS表格中如何自定义页码样式？

页眉页脚编辑框中的内容操作自由度很高，可以手动输入文本，也可以单击"页眉页脚"按钮直接插入。除了类似"第1页"这样的页码，我们还可以自定义页码的样式。

以设置"艾迪鹅团队1月份业绩表第1页"样式为例。

❶ 单击"页面布局"选项卡。

❷ 在下方功能面板中单击"页眉页脚"按钮。

❸ 在弹出的"页面设置"对话框中单击"自定义页脚"按钮会弹出"页脚"对话框。

（后续步骤见下页）

❹ 将光标置于页脚的"中"文本框中，单击"页码"按钮，即可插入"&[页码]"代码。

❺ 在页码代码的前面输入文本"艾迪鹅团队1月份业绩表第"，其后输入"页"。

通过以上操作就可以生成"艾迪鹅团队1月份业绩表第1页"样式。

> 艾迪鹅团队1月份业绩表第1页

将"&[页码]"与"&[页数]"结合还可以产生更多样式，如右表所示。

自定义格式	效果示例
&[页码]/&[页数]	1/5
第&[页码]页，共&[页数]页	第1页，共5页
第 &[页码] 页	第 1 页

NO.162
批量添加Logo和文件名 扫码看视频 >>

很多正式文件中，都要求在每页页眉上添加一个Logo，在WPS表格中如何批量添加Logo或文件名称等信息？

❶ 单击"页面布局"选项卡。

❷ 在功能面板中单击"页眉页脚"按钮。

❸ 在弹出的"页面设置"对话框中单击"自定义页眉"按钮打开"页眉"对话框。

❹ 将光标置于页眉的"右"文本框中，单击"插入图片"按钮。

❺ 在弹出的"打开文件"对话框中找到Logo图片并插入即可。

插入后，右部文本框会出现"&[图片]"，表示图片插入成功。这样一来每页的页眉右部都会出现Logo。

同理，如果要在页脚批量添加文件名，可以在"页脚"对话框中单击插入文件名。

NO.163

表格批量添加水印

扫码看视频 >>

公司一些保密文件需要加水印，WPS中加水印的方法有很多，插入图片、插入艺术字，但是想要批量添加水印，这些方法都实现不了，那怎么办？

使用"自定义页眉"功能可以批量添加水印。

在页眉中部插入水印图片，具体操作详见上一个技巧。插入完成后，打印预览一下效果，看图片的大小是否合适，如果不合适，则调整图片格式。

❶ 鼠标光标置于"中"的文本框内，单击"设置图片格式"按钮，弹出"设置图片格式"对话框。

❷ 单击"大小"选项卡，在"比例"栏的"高度"文本框中输入一个合适值，如"20"。

❸ 单击"图片"选项卡，在"颜色"下拉列表中选择"冲蚀"选项。

❹ 如不想水印有颜色，可再次在"颜色"下拉列表中选择"灰度"选项。

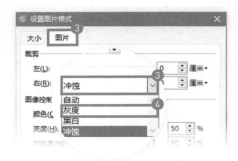

分步效果如下。

NO.164

批量打印多个工作表

扫码看视频 >>

日常工作中很多时候需要打印多个表，如果打印一个表之前需要先打开这个表，然后打开一个打印一个，岂不是太慢了？难道就不能一次打印出来吗？

❶ 单击"文件"按钮。

❷ 在下拉菜单中单击"打印"命令，弹出"打印"对话框。

❸ 在"打印内容"栏选中"整个工作簿"单选按钮。

❹ 单击"确定"按钮即可完成批量打印。

如先选中多个工作表，在第❸步选中"选定工作表"单选按钮，则可批量打印选中的多个表。

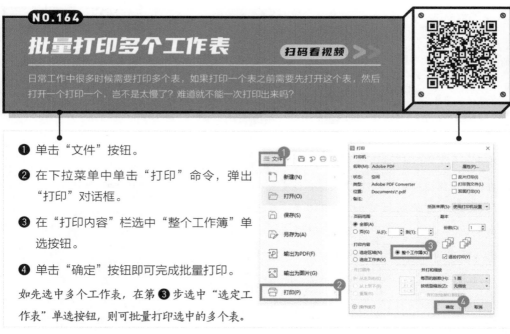

NO.165

不同分类自动分页打印

扫码看视频 >>

拿到一个完整的数据源表，需要将数据按照类别打印在不同的页上，有没有快速的方法呢？

使用"分类汇总"功能可以快速实现分类自动分页打印。在设置前需将分类字段按照"升序"排序，将同类数据进行归类。

❶ 在"数据"选项卡中单击"分类汇总"按钮。

❷ 在"分类汇总"对话框的"分类字段"下拉列表中选择分类字段，而后"汇总方式"和"选定汇总项"均任选一个。

❸ 勾选"每组数据分页"复选框后单击"确定"按钮。

在"文件"下拉菜单的"打印"命令子菜单中，单击"打印预览"命令即可预览打印效果。

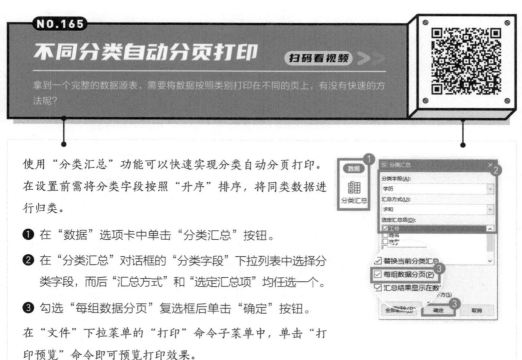

NO.166

快速删除空行

扫码看视频 ≫≫

数据源中如果有空行，会影响数据的排序、筛选、统计等。那如何批量删除数据中的空行呢？

方法一：定位

❶ 选择数据源中的一列，按快捷键【Ctrl+G】打开"定位"对话框。

❷ 选中"空值"单选按钮后单击"定位"按钮。

❸ 在选中的任一单元格上单击鼠标右键，在右键菜单中单击"删除"命令。

　或者使用删除行快捷键【Ctrl + –】。

❹ 在"删除"命令子菜单中单击"整行"命令即可删除所有空白行。

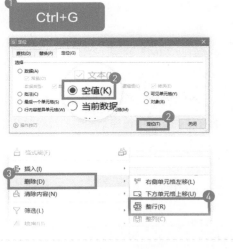

方法二：排序

❶ 选择整个数据区域。

❷ 在"数据"选项卡的"排序"下拉菜单中单击"升序"命令，即可将空白行排到最末尾，相当于把空白行删除。

方法三：筛选

❶ 选择整个数据区域，在"数据"选项卡中单击"自动筛选"按钮打开标题行的筛选器按钮。

❷ 单击其中一个筛选器按钮，将"空白"筛选出。

❸ 选中筛选出的空白行，右键菜单中单击"删除"命令之后再清空筛选条件即可。

NO.167

快速统一部门名称

扫码看视频 ≫≫

汇总信息时发现，明明是同一个部门，却有N种写法，统计数据"两行泪。"如何能快速统一同个部门的名称？

❶ 选择数据区域，在"数据"选项卡中单击"自动筛选"按钮。

❷ 单击"部门"筛选器按钮，在"内容筛选"列表中勾选所有同一部门不同名称的复选框，如"人事部"所有名称，单击"确定"按钮。

❸ 在筛选结果中选择部门列的所有数据单元格，输入"人事部"，按快捷键【Ctrl+Enter】，即可批量统一部门名称。

其他部门名称需统一，重复第❷和❸步操作即可。

NO.168

金额快速除以10000

扫码看视频 ≫≫

输入一堆金额数据后，被告知需要以万为单位录入，需要一个个重新输入吗？不用！一招快速搞定！

在任一单元格中输入"10000"后，按快捷键【Ctrl+C】复制该单元格，然后选择需要除以10000的数据区域。

❶ 在"开始"选项卡的"粘贴"下拉菜单中单击"选择性粘贴"命令。

❷ 在"选择性粘贴"对话框的"运算"栏中选中"除"单选按钮，单击"确定"按钮。

注意：此操作不可逆，是切实将单元格的值除以10000。如只需以万显示数据，详见技巧NO.135。

NO.169

快速整理不规范日期

扫码看视频 >>

不规范的日期是不被WPS表格识别的，所以对于后期的数据统计分析会有非常大的阻碍。不规范日期各种各样，那如何快速把它们变规范？

❶ 选择日期列，在"数据"选项卡中单击"分列"按钮，弹出"文本分列向导"对话框。

❷ 连续单击两次"下一步"按钮跳过向导前两步。

❸ 在向导第3步中，"列数据类型"选中"日期"单选按钮，然后根据源数据的年月日顺序选择日期格式选项，最后单击"完成"按钮。

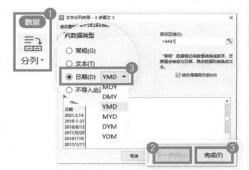

使用"分列"可以规范很多不规范的日期，但如果还有特殊不规范的日期，还需用其他方法进行处理。

NO.170

文本型数字转换为数值

扫码看视频 >>

文本型数字是文本，没有大小之分，也不能做求和函数运算（可以做四则运算）。那如何能快速把文本型数字转换为可以计算的数值型数字？

方法一：文本转换成数值功能

❶ 选择文本型数字区域后，单击"开始"选项卡。

❷ 在下方功能面板中的"单元格"下拉菜单中单击"文本转换成数值"命令。

方法二：错误检查功能

选择文本型数字区域后，区域角上会弹出错误提醒按钮，单击提醒按钮，在下拉菜单中单击"转换为数字"命令，即可快速将数据转换为数值型数字。

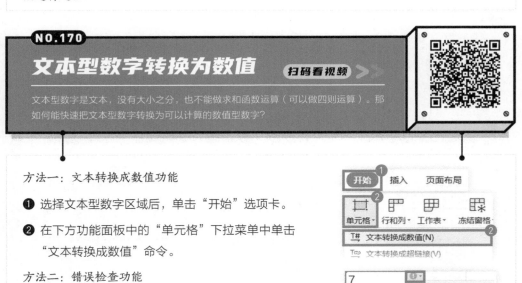

NO.171

身份证号提取出生日期

扫码看视频 >>

人事在整理员工档案时，需要通过身份证号提取员工的出生日期。手动输入比较麻烦，并且还容易出错，那有什么方法可以快速提取呢？

❶ 选择身份证单元格区域后，在"数据"选项卡中单击"分列"按钮，弹出"文本分列向导"对话框。

❷ 向导第1步，选中"固定宽度"单选按钮之后，单击"下一步"按钮。

❸ 向导第2步，在身份证号的第6、14位后分别单击一次，添加两条分列线，将身份证号分成三段，单击"下一步"按钮。

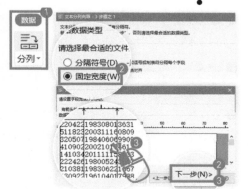

❹ 向导第3步，在"数据预览"区域中单击选择第1段数据，在"列数据类型"栏选中"不导入此列（跳过）"单选按钮（第3段数据同样操作）。

❺ 单击选中第2段数据，选中"日期"单选按钮，格式选择"YMD"选项。

❻ 单击"目标区域"参数框右侧的折叠按钮选择要放置日期的单元格区域，单击"完成"按钮。

NO.172
按分隔符拆分到多列

扫码看视频 ≫≫

一些系统导出的数据是用分隔符将所有信息放在一个单元格中的，想要把所有信息拆分开，一个个复制、粘贴肯定不行，有没有更快速的办法呢？

❶ 选择数据区域，在"数据"选项卡中单击"分列"按钮，弹出"文本分列向导"对话框。

❷ 向导第1步，选中"分隔符号"单选按钮之后单击"下一步"按钮。

❸ 向导第2步，选择数据中的分隔符号之后单击"下一步"按钮。

  本案例中分隔符号是英文逗号，所以直接勾选"逗号"复选框，如没有现成选项，可勾选"其他"复选框后在文本框中自定义。

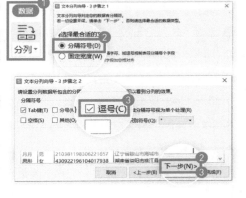

❹ 向导第3步，观察这些信息的格式是否符合要求，放置的目标区域是否合适。

  本案例中有一列是身份证号，是长数字，需要将其导出为"文本"格式，单击选中第3段数据之后，在"列数据类型"栏中选中"文本"单选按钮。

❺ 单击"完成"按钮即可拆分成多列数据。

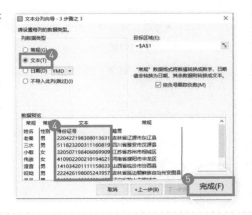

有哪些能快速提高办公效率的秘诀？
关注微信公众号【老秦】（ID：laoqinppt）；
回复关键词"快捷键"，即可获取WPS Office快捷键清单，大大提升WPS Office办公效率！

NO.173

按关键词拆分地址到多列 扫码看视频 >>

快递业务中，有非常重要的一环是要把快递地址中的省、市、区（县）提取出来。但地址有长有短、分隔符也不规律，如何才能快速提取出里面的省市县信息？

❶ 选择数据区域，单击"数据"选项卡。

❷ 单击"分列"下拉按钮，在下拉菜单中单击"智能分列"命令。

❸ 在弹出的"智能分列结果"对话框中，确认结果无误，单击"完成"按钮。

通过以上操作，WPS 即可将地址中的省、市、区（县）信息单独提取出来。

虽然智能分列已经帮我们自动完成数据拆分，但我们有必要了解一下它的分列原理。

❹ 单击"手动设置分列"按钮，对话框会切换为"文本分列向导"对话框，并且是"按关键字"分列方式，我们可以自行输入对应的关键字，并选择"保留分列关键字"复选框及分列的位置。

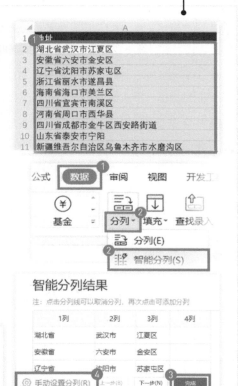

关注微信公众号【老秦】（ID：laoqinppt）；
回复关键词"表格"，
即可获取"表格手册"，
各种表格的花式玩法，大开眼界！

NO.174
按文本类型拆分数据

扫码看视频 ≫

很多情况下会出现一个单元格中既有中文、英文、数字，而且长短都不一样的情况，这时该如何才能快速将它们拆分到不同的列中呢？

❶ 选择数据区域，单击"数据"选项卡。

❷ 单击"分列"下拉按钮，在下拉菜单中单击"智能分列"命令。

❸ 在弹出的"智能分列结果"对话框中，确认结果无误，单击"完成"按钮。

通过以上操作，WPS 即可将单元格中的中文、英文、数字分别提取出来。

虽然智能分列已经帮我们自动完成数据拆分，但我们有必要了解一下它的分列原理。

❹ 单击"手动设置分列"按钮，对话框会切换为"文本分列向导"对话框，并自动跳转至"文本类型"分列方式。

在这里我们可以按照自己的需要勾选"中文""英文""数字"3种文本类型来得到不同的分列结果。

文本分列向导 2步骤之1

请选择分列方式

分隔符号(D)	文本类型(V)	按关键

请选择需要分列的文本类型：

☑ 中文(S)　　□ 数字(U)　　□ 英文(E)

NO.175

按类别拆分数据到多表

扫码看视频 >>

要求将一个表格按类别把数据拆分到多个工作表中,你会怎么做?一类类筛选,然后复制粘贴吗?不用,有更快速的方法!

❶ 选择数据区域,在"插入"选项卡中单击"数据透视表"按钮,在弹出的"创建数据透视表"对话框中单击"确定"按钮,将透视表创建在新工作表中。

❷ 将拆分类别字段拖入"筛选器"区域,其他字段均拖入"行"区域,本案例需按照"训练营"拆分数据,故将"训练营"字段拖入筛选器区域,除"训练营"外的所有字段拖入行区域。

❸ 在"设计"选项卡"报表布局"下拉菜单中单击"以表格形式显示"命令,在"分类汇总"下拉菜单中单击"不显示分类汇总"命令。

❹ 在"分析"选项卡"选项"下拉菜单中单击"显示报表筛选页"命令。

❺ 在弹出的"显示报表筛选页"对话框中选定要显示的报表筛选页字段"训练营",单击"确定"按钮。

操作完成,数据按照"训练营"中的类目拆分到不同的工作表中,并且以对应的类目命名工作表。

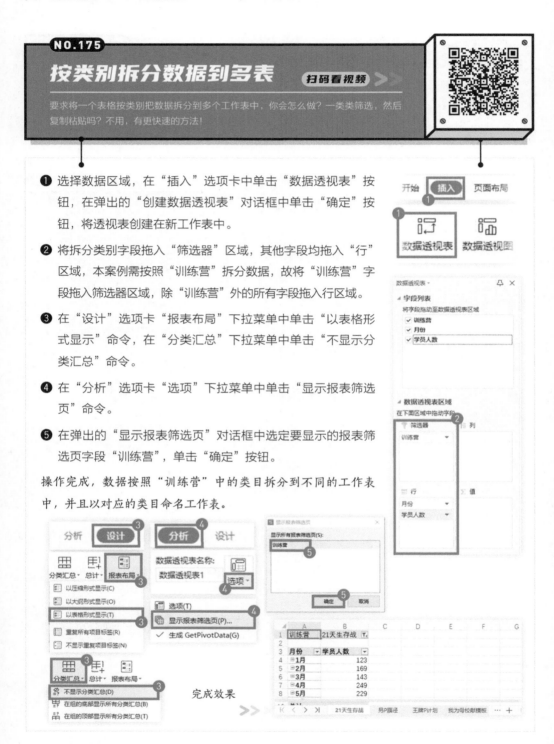

完成效果

NO.176

快速拼接多个数据

扫码看视频 >>

要想将一些数据连接在一起拼合成一个数据，除了一个个手动复制粘贴之外，你还能想到什么方法？

方法一：文本连接符"&"

用"&"能拼接数据。

举例：=A2&B2&C2

特征：类似加减运算，上手容易。但当数据比较多时，一个个连接效率很低。

方法二：CONCAT 函数

举例：=CONCAT(A2:C2)

特征：连接的数据可以是一个个单元格，也可以是一个区域，但不能屏蔽错误值。

方法三：PHONETIC 函数

举例：=PHONETIC(A2:C2)

特征：该函数会忽略空白单元格，它不支持数字、日期、时间、逻辑值、错误值等。所以，如果参数中某个单元格计算结果是错误值，并不会影响 PHONETIC 函数的结果。

方法四：TEXTJION 函数

举例：=TEXTJOIN(",",TRUE,A2:C2)

特征：该函数可以用分隔符连接各个数据，灵活性比较高，并且能自主选择是否忽略空单元格。

使用函数公式拼接数据的优势在于可以自动更新。除这些方法，还有一些一次性的拼接方法，比如：智能填充、外部插件，方法有很多，可以根据实际场景需求进行选择。

NO.177

快速合并多个工作表

扫码看视频 >>

年终做销售报表，但销售明细表按月放在12个工作表中，想要快速统计，必须把12个工作表的数据合并到一个工作表中。

首先准备好一个存有所有数据的工作簿。

❶ 单击"开始"选项卡。

❷ 在下方功能面板中单击"工作表"下拉按钮。

❸ 在下拉菜单中单击"合并表格"命令。

❹ 在子菜单中单击"按行合并多个工作表内容"命令。

注意："按行合并多个工作表内容"是WPS会员功能。

❺ 在弹出的"合并成一个工作表"对话框中勾选"全选"复选框，并在下方"从第几行开始合并"文本框中输入"2"。

因为第1行均是标题，所以要从第2行开始合并内容。

❻ 单击"开始合并"按钮，WPS就会自动完成多个工作表的合并操作。

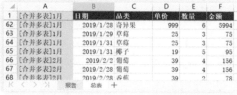

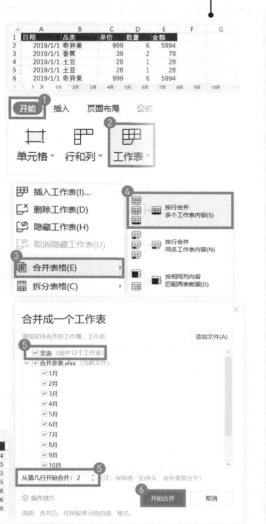

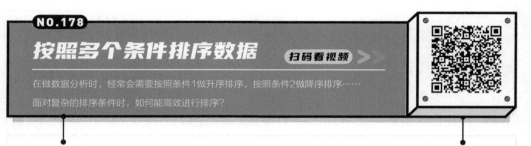

NO.178

按照多个条件排序数据

扫码看视频 ≫

在做数据分析时，经常会需要按照条件1做升序排序，按照条件2做降序排序……
面对复杂的排序条件时，如何能高效进行排序？

排序的操作比较简单，但当排序条件比较复杂时，非常容易把排序的主次顺序搞混，所以建议打开"排序"对话框设置排序条件。

要求：数据按基本工资的"降序"排列，相同基本工资的按入职时间的"升序"排列。

分析：有两个条件，分别是"基本工资"的"降序"和"入职时间"的"升序"，前者优先级更高。

❶ 选择数据区域，在"数据"选项卡中的"排序"下拉菜单
中单击"自定义排序"命令，弹出"排序"对话框。

❷ 单击"添加条件"按钮，新增一个条件。

条件列表中越上方的条件越主要，所以第1个条件是"基本工资"的"降序"，第2个条件是"入职时间"的"升序"。

❸ 按下图所示分别设置"列""排序依据"和"次序"的选项。

排序依据除了"数值"，还可以是"单元格颜色""字体颜色""条件格式图标"，可以根据实际排序条件选择。

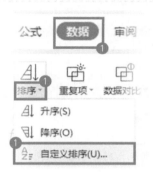

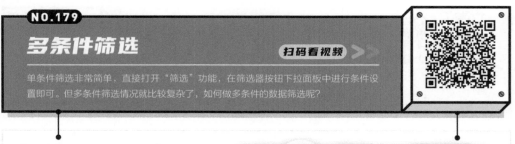

篩选情況1：多个"且"关系条件

例：性别"男"且入职时间为"2019年"

❶ 选择数据区域，在"数据"选项卡中单击"自动筛选"按钮，在标题行显示出筛选器按钮。

❷ 单击"性别"筛选器按钮，在弹出的下拉面板中只勾选"男"复选框，单击"确定"按钮。

❸ 单击"入职时间"筛选器按钮，在下拉面板中只勾选"2019年"复选框，单击"确定"按钮。

"且"关系筛选条件只需挨个筛选条件叠加设置。

篩选情況2：同一字段"或"关系条件

例：姓"王"或姓"李"

❶ 单击"姓名"筛选器按钮，在下拉面板的搜索文本框内输入"王*"，单击"确定"按钮，用通配符来进行单元格匹配。

❷ 再次单击"姓名"筛选器按钮，在搜索文本框内输入"李*"，搜索方式保持默认。

❸ 勾选"将当前所选内容添加到筛选器"复选框后单击"确定"按钮。

筛选结果既包含姓"王"的信息，**完成效果** >> 也包含姓"李"的信息。

姓名	性别	入职时间	基本工资	交通补贴
22	李丽丽	男	2017/1/10	5000	150
28	李书同	女	2017/7/27	3000	200
29	王姚	男	2018/4/4	3000	200
38	李侦	女	2018/1/15	4000	50
49	王婷		2018/2/25	4000	

关键步骤是在筛选时要勾选"将当前所选内容添加到筛选器"，这样前面筛选的结果才不会被清除掉。

（后续步骤见下页）

筛选情况3："且""或"条件均有

例：姓"王"且基本工资为"3000"；姓"李"且月奖金">3000"

当筛选条件关系比较复杂时，前面两种情况的筛选方法就行不通了，这种情况下我们可以使用"高级筛选"功能。

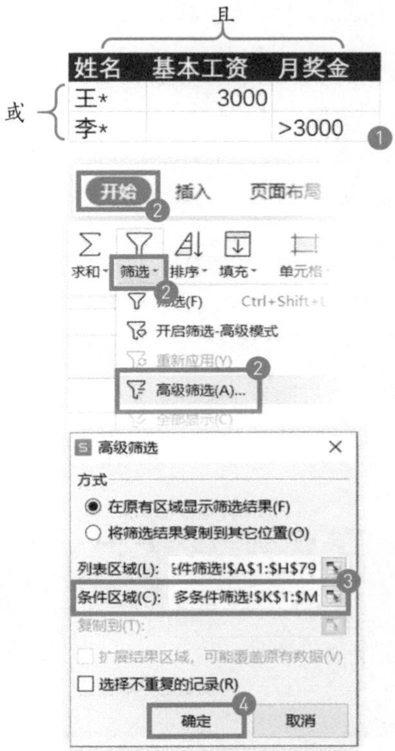

❶ 将筛选条件列在 WPS 表格中，条件设置关键点如下。

- 字段标题必须与数据源标题一致
- 同一行上的条件为"且"关系
- 不同行的条件为"或"关系
- 数值的比较运算符号要写对

❷ 选择数据源区域，在"开始"选项卡中的"筛选"下拉菜单中单击"高级筛选"命令。

在弹出的"高级筛选"对话框中，"列表区域"参数框中会默认为第 ❷ 步选择的数据源区域，或者根据当前选中单元格自动识别连续的数据源区域。

❸ 单击"条件区域"参数框右侧的折叠按钮选择第 ❶ 步设置好的筛选条件单元格区域。

❹ 单击"确定"按钮即完成筛选。

补充知识点：

数值比较运算符号对照表见右表。如果筛选条件是介于两个数值之间，那就把条件拆成两个放在同一行上。

比较符	含义
>	大于
<	小于
>=	大于等于
<=	小于等于
<>	不等于

NO.180

让数据恢复初始顺序

扫码看视频 >>

报表分析时可能会对表格进行各种排序筛选，分析完成之后，想要恢复原来的数据顺序，发现只能一步步撤回。那恢复初始顺序还有别的方法吗？

排序的操作确实是不可逆的，想要能随时回到初始顺序，可以在排序之前先给数据源添加一列连续数字序号辅助列。

❶ 在数据源旁添加一列辅助列，录入连续的数字序列。

接下来进行排序操作。

❷ 单击辅助列任意单元格，在"开始"选项卡中单击"排序"按钮恢复初始顺序。

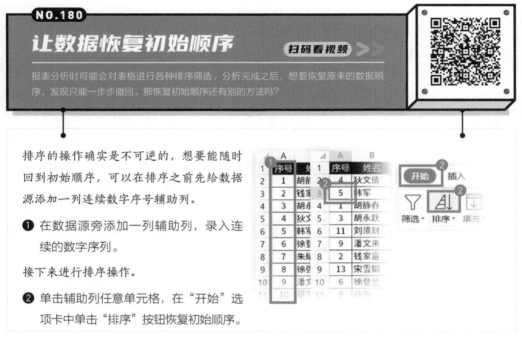

NO.181

数据的行列互换

扫码看视频 >>

有时表格太宽，不方便查看，需要将表格的行变成列、列变成行。如何快速将表格的行列互换？

❶ 选择数据区域，按快捷键【Ctrl+C】进行复制。

❷ 选择一个放置表格的单元格，单击"开始"选项卡中的"粘贴"下拉按钮。

❸ 在下拉菜单中单击"转置"命令。

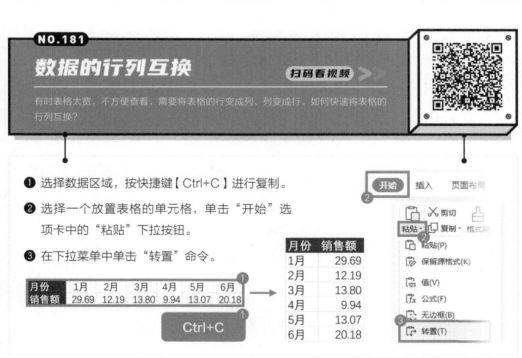

NO.182
两列数据对比找不同

扫码看视频 »»

有时为了确认数据是否正确或数据是否被修改，需要比对两列数据是否有差别。如何快速对比找出两列数据中的不同值有哪些？

方法一：比较运算法

添加辅助列，输入公式：=B2=C2，向下填充公式。

结果为"*TRUE*"则为相同；"*FALSE*"则为不同。

方法二：定位法

❶ 选择数据区域，按定位快捷键【Ctrl+G】，打开"定位"对话框。

❷ 选中"行内容差异单元格"单选按钮后单击"定位"按钮。

这样就可以快速找出两列数据的不同。

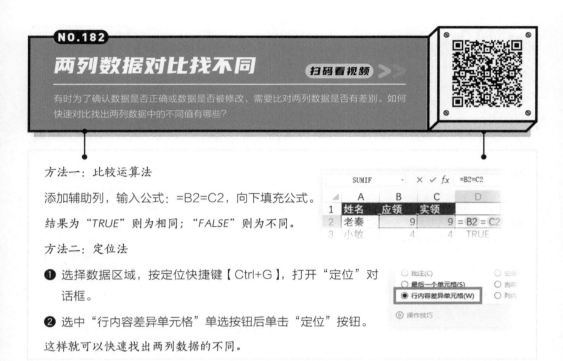

NO.183
快速标注唯一值

扫码看视频 »»

有时需要从一堆大量重复的数据中找到唯一存在的值，一个一个地去找非常麻烦，其实在WPS中可以一键定位标记出来。

❶ 选中需要进行比对的数据列。

❷ 单击"数据"选项卡。

❸ 单击"数据对比"下拉按钮，在下拉菜单中单击"标记唯一数据"命令。

❹ 弹出对话框后，选择喜欢的标记颜色。

❺ 单击"确定"按钮即可完成。

NO.184

快速提取重复值

扫码看视频 >>

有时为了确认数据是否被重复输入过，需要花很多时间来寻找，如何快速找出数据中的重复值有哪些，并把它们提取出来呢？

❶ 选中需要进行查找的数据列。

❷ 单击"数据"选项卡。

❸ 单击"数据对比"下拉按钮，在下拉菜单中单击"提取重复数据"命令。

❹ 在弹出对话框中确认参数设置是否正确：根据数据区域勾选是否包含标题，以及是否需要显示重复的次数。

❺ 单击"提取到新工作表"按钮，即可快速提取重复值。

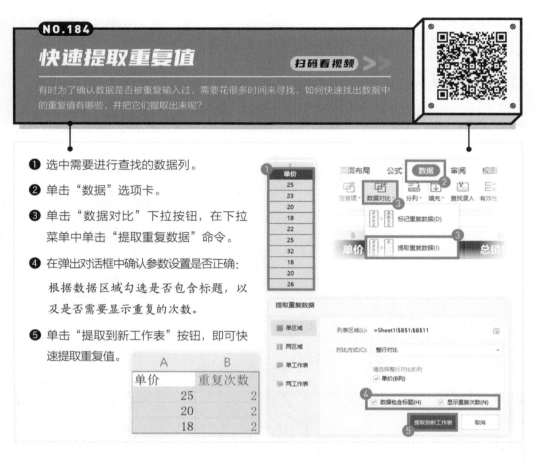

NO.185

快速提取唯一值

扫码看视频 >>

有时一列数据中会有部分数据被重复输入多次，该如何将唯一存在的数据快速提取出来呢？

❶ 选中需要进行比对的数据列。

❷ 单击"数据"选项卡。

（后续步骤见下页）

❸ 单击"数据对比"下拉按钮，在下拉菜单中单击"提取唯一数据"命令。

❹ 在弹出对话框中确认参数设置是否正确。

根据需求调整对于重复值的处理：选择保留一个重复值还是全部删除。

❺ 单击"提前到新工作表"按钮即可。

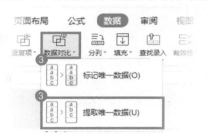

要求：根据 E2 单元格的工号查找"姓名"。

使用VLOOKUP函数查找，在F2单元格输入公式：=VLOOKUP(E2,A:C,2,FALSE)。

函数参数说明：

第1参数：查找值 E2。

第2参数：查找值所在的区域 A:C 列（区域的第一列必须是查找值所在的列）。

第3参数：区域中包含返回值的列号，即"姓名"在 A:C 的第"2"列。

第4参数：需要返回值的精确匹配，选择"FALSE"。

NO.187

从右往左查找信息

扫码看视频 >>

有一些数据查找，返回值是在查找值的左边，这时VLOOKUP函数用不了了，该怎么办？

要求：根据 E2 单元格的姓名查找"工号"。

用 INDEX+MATCH 组合函数，在 F2 单元格输入公式：=INDEX(A:A,MATCH(E2,B:B,0))。

INDEX 函数说明：

返回表或数组中元素的值，由行号和列号索引选择。

	A	B	C	D	E	F
1	工号	姓名	部门		姓名	工号
2	ID001	老秦	行政部		小敏	ID003
3	ID002	三水	行政部			
4	ID003	小敏	行政部			
5	ID004	艾迪鹏	财务部			

语法：*INDEX(数组,行序数,[列序数],[区域序数])*

第1参数：查找区域 / 数组，选择索引"工号"的 A 列。

第2参数：区域 / 数组中的第几行，这里用 MATCH 函数来获取 E2 单元格数据在 B 列中的位置。

第3参数：区域 / 数组中的第几列（可选参数），这里只有一列，可忽略。

MATCH 函数说明：

在单元格区域中搜索特定的项，然后返回该项在此区域中的相对位置。

语法：*MATCH(查找值,查找区域,[匹配类型])*

第1参数：查找值，E2 单元格。

第2参数：查找区域，选择"姓名"的 B 列。

第3参数：匹配类型，选择"0"精确匹配。

所以这一部分完整的公式是：*MATCH(E2,B:B,0)*。

将 INDEX 和 MATCH 函数组合使用就可以从右往左查找数据。这个组合的使用范围非常广，也可以从左往右、从上往下、从下往上。

还可以在二维表中双向查找数据，只需确定查找区域，区域中第几行、第几列（行数和列数都可以用 MATCH 函数来查找），就可以使用 INDEX 函数来快速索引指定的单元格数据。

NO.188

双向查找数据并引用

扫码看视频 >>

在日常工作中，二维表有很多，所以经常会碰到需要从二维表格中查找引用数据的情况。一般的查找函数就不能直接用了，该怎么办呢？

要求：根据 *F2* 的"姓名"和 *G2* 的"月份"查找"销量"。

公式 1：=INDEX(A1:D10,MATCH(F2,A1:A10,0),MATCH(G2,A1:D1,0))

用 MATCH 函数分别查找姓名（F2）所在的行数和月份（G2）所在的列数，再使用 INDEX 函数，在整个数据区域（A1:D10）中，按照 MATCH 函数获取到的行列值来进行索引。

INDEX+MATCH 组合函数使用说明见技巧 *NO.187*。

	A	B	C	D	E	F	G	H
1	姓名	1月	2月	3月		姓名	月份	销量
2	老秦	86	43	29		艾迪鹅	1月	34
3	艾迪鹅	34	63	10				
4	三水	48	12	80				
5	小敏	30	87	57				
6	月月	15	31	51				
7	挖掘鸡	66	31	27				
8	伟崇	76	58	11				
9	艾弗森	72	26	85				
10	大鹅	85	22	37				

公式 2：=SUMPRODUCT((A2:A10=F2)*(B1:D1=G2)*B2:D10)

SUMPRODUCT 函数：返回对应的区域或数组的乘积之和。语法：SUMPRODUCT(数组1,...)

SUMPRODUCT 函数的参数比较单一，都是数组。而本案例不需要做乘积之和，只不过是利用了 SUMPRODUCT 函数可以对数组计算的特性。

公式解释说明：

❶ 用"="做对比运算，符合条件的运算结果为"*TRUE*"，不符合条件为"*FALSE*"；

❷ 再用（行数据）*（列数据），即（*A2:A10=F2*）*（*B1:D1=G2*）转换成与 *B2:D10* 相同大小的数组，同时还把符合条件的变成"*1*"，不符合条件的变成"*0*"；

❸ 最后再 * (*B2:D10*) 把符合条件的"*1*"转成具体的数值。

公式 3：=SUM((A2:A10=F2)*(B1:D1=G2)*B2:D10)

这个公式的写法和公式 2 相似，只不过换成了 SUM 函数，但在完成输入公式后需要按快捷键【Ctrl+Shift+Enter】进行数组公式计算。

NO.189

划分区间自动评级

扫码看视频 >>

成绩优良中差怎么评？当然是划分区间，一个一个评了！

错！划分好区间，可以自动评级！

要求： 按照成绩评定等级，划分为优、良、中、及格、不及格5个等级。

❶ 划分区间，列等级参数表，应注意：

- "区间下限"为每段区间的最小值
- 区间应从小到大升序排列

区间下限	等级	成绩范围
0	不及格	0~59
60	及格	60~69
70	中	70~79
80	良	80~89
90	优	90~100

❷ 在 C2 单元格输入公式：

=VLOOKUP(B2,$F$2:$G$6,2,TRUE)

公式解释：

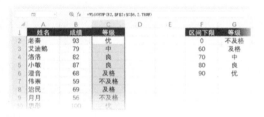

参数1：查找值 B2。

参数2：查找区域 $F$2:$G$6，需要完全锁定。

参数3："等级"在查找区域中是第"2"列。

参数4：模糊匹配，选择"TRUE"。

使用 VLOOKUP 函数的模糊查找功能，可以实现数据的自动评定。除此之外还有其他的函数可以实现该效果。

IF 函数：=IF(B2<60,"不及格",IF(B2<70,"及格",IF(B2<80,"中",IF(B2<90,"良","优"))))

IF 函数的语法非常简单，但是当区间比较多时，用 IF 函数不是很方便。

LOOKUP 函数：=LOOKUP(B2,F:F,G:G)

LOOKUP 函数的这个用法和 VLOOKUP 函数的模糊匹配相似，语法更简单一些。

LOOKUP(查找值，查找向量，[返回向量])

LOOKUP(查找值，单元格区域)

NO.190

快速创建分类统计表

扫码看视频 ≫

做各种报告前都需要做数据的分类统计，你是不是还在反复地筛选求和？是不是在写复杂的公式计算？其实，几步就能快速搞定！

这个方法就是使用"数据透视表"功能。

❶ 准备数据源，数据源要符合规范表格的要求：

● 标题只有一行，且字段标题不能有重复

● 数据中不要有空行、合并单元格、小计行等

● 数据应符合统计要求，数据主要分三类（数值、日期、文本）

❷ 选择数据源区域，在"插入"选项卡中单击"数据透视表"按钮，弹出"创建数据透视表"对话框。

❸ 确定要分析的数据区域，以及放置透视表的位置，这里选中"新工作表"单选按钮（把数据源与统计结果分功能放置在不同的工作表中），单击"确定"按钮。

创建完成会出现一个新的工作表，工作表左侧有一个数据透视表区域，右侧有一个"数据透视表"面板。

数据透视表面板主要分两部分——

字段列表：列表中是数据源的字段，即数据源中的列标题名称。

字段区域：分别为筛选器、行、列和值区域，其中筛选器、行、列均为分类区域，值为统计区域。

❶	日期	产品	单价	数量	金额
	2019/1/1	奇异果	999	3	2997
	2019/1/1	香蕉	39	2	78
	2019/1/1	土豆	28	1	28
	2019/1/1	土豆	28	1	28
	2019/1/1	奇异果	999	6	5994
	2019/1/2	椰子	19	5	95
	2019/1/2	香蕉	39	2	78
	2019/1/2	香蕉	39	2	78

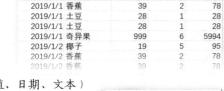

做分类统计，首先要分清楚按照什么字段进行分类，即分类字段是什么，以及统计什么数据，即统计字段是什么，再将字段拖入各自区域中。

（后续步骤见下页）

141

以汇总统计每种产品销售额为例，先列统计需求。

分类：产品

统计：金额

❹ 将"产品"字段拖入"行"区域，"金额"字段拖入"值"区域，对应左边数据透视表区域中即出现分类统计表。

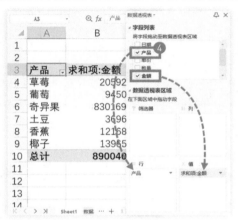

说明：将分类字段拖入 "列""筛选器"区域也可以，但因为大众习惯纵向滚动阅读，在只有一个分类字段的情况下，我们习惯于把分类字段放在"行"区域，当分类字段有多个时，可以考虑放在其他区域中。

NO.191

分类名称按指定顺序排列 扫码看视频 >>

用透视表做好数据的分类统计后发现，分类名称是按照拼音字符排序的，没有按照公司要求的顺序排。如何才能将分类名称按照指定顺序排？

方法一：手动排序

❶ 选择需调整顺序的标签单元格。

❷ 将鼠标指针移动到选中标签边框，直到鼠标指针变成十字箭头，就可以拖动标签调整标签顺序。

方法二：自定义排序

❶ 在"自定义序列"列表中设置一个分类名称顺序，可参照技巧 NO.126。

❷ 单击"产品"单元格旁的筛选器按钮，在下拉面板中单击"其他排序选项"命令。

❸ 在"排序（产品）"对话框中选中"升序排序"单选按钮，确认字段是"产品"。

（后续步骤见下页）

❹ 单击"其他选项"按钮进入"其他排序选项（产品）"对话框。

❺ 取消勾选"每次更新报表时自动排序"复选框。

❻ 在"主关键字排序次序"下拉列表中选择自定义好的序列，单击"确定"按钮。

NO.192

统计结果为0或不完整

扫码看视频 〉〉

有时数据源中明明某个分类是有值的，可是统计结果却是0，或是其他错误的结果，为什么会这样呢？

此时应该检查一下数据源中的数据是否符合统计要求，数据可以分3类。

数值：规范的数值型数字才可以做求和统计，如有不规范的文本型数字，需要将不规范的数字变规范。文本型数字转数值型数字具体见技巧 NO.170。

日期：规范的日期才能做日期的分类统计，如有不规范的日期，需要将不规范的日期统一成规范格式。

文本：文本只能计数，不能做其他汇总统计。

行标签	求和项:金额
奇异果	0
香蕉	0
土豆	0
椰子	0
草莓	0
葡萄	0
总计	0

行标签	求和项:金额
奇异果	830169
香蕉	12168
土豆	3696
椰子	13965
草莓	20592
葡萄	9450
总计	890040

NO.193

刷新数据保持列宽不变

扫码看视频 >>

每次刷新表格，透视表的列宽都会发生变动，导致一些设计好的表格结构发生变化影响观感。如何才能在透视表中刷新数据保持列宽不变呢？

❶ 在"分析"选项卡中单击"选项"按钮，或者在透视表中单击鼠标右键，在右键菜单中单击"数据透视表选项"命令。

❷ 在"数据透视表选项"对话框中单击"布局和格式"选项卡，取消勾选"更新时自动调整列宽"复选框，单击"确定"按钮。

设置完成后，将透视表的列宽调整到合适，接下来再刷新数据，透视表的列宽保持不变。

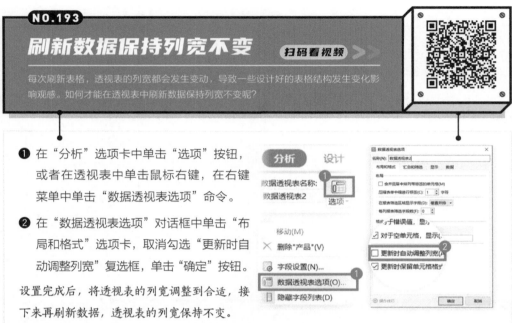

NO.194

让空单元格显示为0

扫码看视频 >>

分类统计表中某些没有数据的单元格显示为空，这在财务等岗位上是不允许的，那如何给空单元格自动显示"0"？

❶ 在数据透视表的"分析"选项卡中单击"选项"按钮，打开"数据透视表选项"对话框。

❷ 单击"布局和格式"选项卡，勾选"对于空单元格，显示"复选框，在后面的文本框中输入"0"，单击"确定"按钮。

同样，如果表格中的错误值也要显示为"0"，可以勾选"对于错误值，显示"复选框，在后面文本框中输入"0"。

NO.195

同类名称合并居中显示

扫码看视频 >>

在"以表格形式显示"的报表布局下，为了方便看分类汇总表，有时需要将同类名称合并单元格，如何快速合并同类名称单元格？

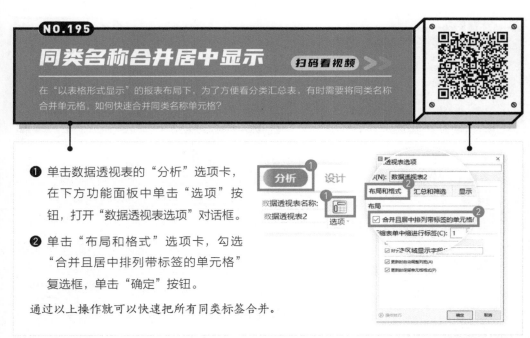

❶ 单击数据透视表的"分析"选项卡，在下方功能面板中单击"选项"按钮，打开"数据透视表选项"对话框。

❷ 单击"布局和格式"选项卡，勾选"合并且居中排列带标签的单元格"复选框，单击"确定"按钮。

通过以上操作就可以快速把所有同类标签合并。

NO.196

显示/隐藏字段列表

扫码看视频 >>

有时数据透视做到一半发现，右侧的数据透视表字段列表怎么不见了！该如何显示字段列表呢？

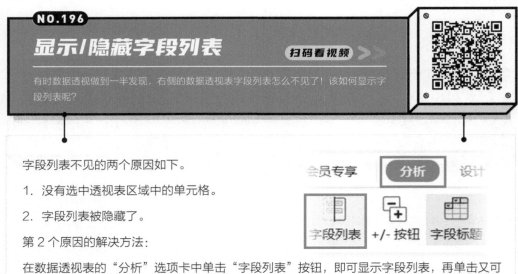

字段列表不见的两个原因如下。

1. 没有选中透视表区域中的单元格。

2. 字段列表被隐藏了。

第2个原因的解决方法：

在数据透视表的"分析"选项卡中单击"字段列表"按钮，即可显示字段列表，再单击又可隐藏。

补充知识点：字段列表旁的"+/- 按钮"是标签折叠按钮，可以隐藏。想要快速实现标签的折叠或展开，可以直接双击标签单元格。

NO.197

按固定天数分组统计数据 扫码看视频 >>

在透视表中，当日期为规范日期时，透视表能将日期按照"年/季度/月"分组，除了按"年/季度/月"，其实也可以自定义固定天数分组。

❶ 选择"日期"字段中的任一标签，在"分析"选项卡中单击"组选择"按钮，弹出"组合"对话框。

如"组选择"按钮是灰色，则需检查日期中是否有不规范日期。

在"组合"对话框中，"起始于"和"终止于"日期为自动识别，在下方的"步长"列表中，有多种步长单位可以选择，包括"年""季度""月""日"。单击步长单位即可选择或取消选择。

❷ 在"步长"列表中只选择"日"选项，在右下角的"天数"文本框中输入数值，比如"7"，就可以按照周统计数据了。

NO.198

统计不重复的个数 扫码看视频 >>

实际工作中经常需要提取不重复的项目，并且统计每个项目出现的次数，如何用透视表实现这样的统计结果呢？

以统计每种消费类型出现的次数为例，先列统计需求。

分类：消费类型

统计：消费类型出现的次数

插入数据透视表，将"消费类型"字段拖入"行"区域，再将"消费类型"字段拖入"值"区域。

因"消费类型"是文本字段，所以自动完成计数汇总统计。

NO.199

求最值和平均值

扫码看视频 >>

做数据报表经常需要统计各个分类的最大值、最小值或平均值，在透视表中做这些统计都非常简单！

以统计每种消费类型的最高消费、最低消费和平均消费为例，先列出统计需求。

分类：消费类型

统计：金额（最高、最低、平均消费的统计字段均是金额）

❶ 插入数据透视表做数据分类统计，将"消费类型"字段拖入"行"区域，将"金额"字段拖入"值"区域3次，生成数据透视表格。

说明：同一个字段是可以多次拖入"值"区域的。

❷ 双击值字段标题，进入"值字段设置"对话框。

行标签	求和项:金额	求和项:金额2	求和项:金额3
餐饮	5016.	5016.73	5016.73
服饰美容	7066.1	7066.15	7066.15
交通	4796.	4796.54	4796.54
日常缴费	4886.1	4886.1	4886.1
生活日用	6211.11	6211.11	6211.11
休闲娱乐	4829.3	4829.3	4829.3
总计	32805.93	32805.93	32805.93

❸ 在"值字段汇总方式"栏选择"最大值"选项。

❹ 单击"确定"按钮。

同理，另外两个值字段分别设置为"最小值"和"平均值"。

行标签	最大值项:金额	最小值项:金额2	平均值项:金额3
餐饮	297.39	35.11	167.2243333
服饰美容	289.98	11.67	172.345122
交通	300.05	10.9	165.397931
日常缴费	297.76	22.02	162.87
生活日用	299.59	13.05	159.2592308
休闲娱乐	300.05	11.59	137.98
总计	300.05	10.9	160.8133824

说明：也可以单击值字段列的任一单元格，单击鼠标右键，在"值汇总依据"中修改汇总方式。

NO.200

统计数据排名

扫码看视频 >>

做报表时经常需要对分类统计的数据做排名，当我们在数据透视表中做好分类统计后，又该怎么统计排名？

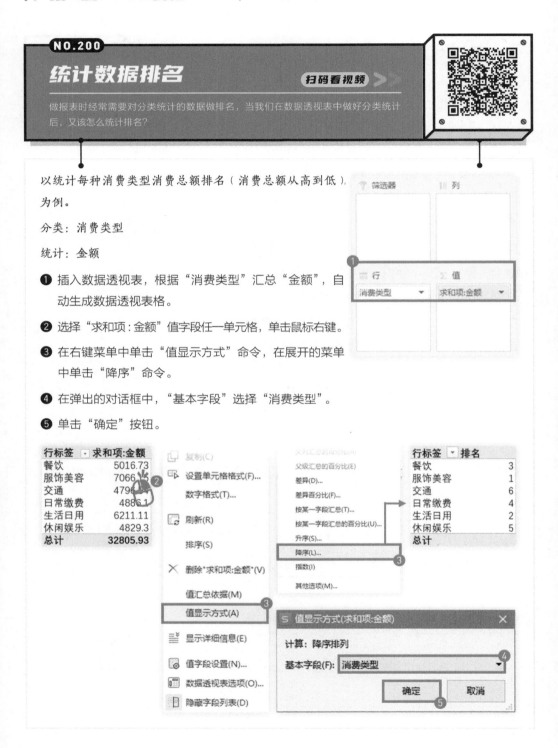

以统计每种消费类型消费总额排名（消费总额从高到低）为例。

分类：消费类型

统计：金额

❶ 插入数据透视表，根据"消费类型"汇总"金额"，自动生成数据透视表格。

❷ 选择"求和项：金额"值字段任一单元格，单击鼠标右键。

❸ 在右键菜单中单击"值显示方式"命令，在展开的菜单中单击"降序"命令。

❹ 在弹出的对话框中，"基本字段"选择"消费类型"。

❺ 单击"确定"按钮。

行标签	求和项:金额
餐饮	5016.73
服饰美容	7066.1
交通	4796.1
日常缴费	4886.1
生活日用	6211.11
休闲娱乐	4829.3
总计	32805.93

行标签	排名
餐饮	3
服饰美容	1
交通	6
日常缴费	4
生活日用	2
休闲娱乐	5
总计	

右键菜单：
- 复制(C)
- 设置单元格格式(F)...
- 数字格式(T)...
- 刷新(R)
- 排序(S)
- × 删除"求和项:金额"(V)
- 值汇总依据(M)
- 值显示方式(A) ❸
- 显示详细信息(E)
- 值字段设置(N)...
- 数据透视表选项(O)...
- 隐藏字段列表(D)

值显示方式子菜单：
- 父级汇总的百分比(E)
- 差异(D)...
- 差异百分比(F)...
- 按某一字段汇总(T)...
- 按某一字段汇总的百分比(U)...
- 升序(S)...
- 降序(L)... ❸
- 指数(I)
- 其他选项(M)...

值显示方式(求和项:金额) ×

计算：降序排列

基本字段(F): 消费类型 ▾ ❹

确定 ❺ 取消

NO.201

统计累计总和

扫码看视频 ≫≫

做报表时，经常需要将数据按照时间进行累加，如何用数据透视表快速完成累计总和的统计？

以统计逐日累计的消费金额为例，先列统计需求。

分类： 日期

统计： 金额

❶ 插入数据透视表，将"日期"字段拖入"行"区域，"金额"字段拖入"值"区域，自动生成数据透视表格。

❷ 选择值字段列任一单元格，单击鼠标右键，打开右键菜单，单击"值显示方式"-"按某一字段汇总"命令。

❸ 在"值显示方式（求和项：金额）"对话框中，"基本字段"选择"日期"，单击"确定"按钮。

要按哪一字段汇总，"基本字段"就选哪个字段。

反之，如果已知每日累计的数据，要求每日增量。与上述操作类似，只不过要在"值显示方式"中选择"差异"，选择基本字段及基本项（选"上一个"）即可求得。

NO.202

刷新数据结果

扫码看视频 >>

如果数据源发生数据的增删或是修改，分类统计表需要重新开始再做一次透视表的统计吗？

数据源发生改动或删除，只需单击"分析"选项卡中的"刷新"按钮，或"数据"选项卡中的"全部刷新"按钮，即可刷新数据结果。

但当增加数据时，直接"刷新"可能行不通，这时就要注意透视表的数据源区域是不是需要拓展。在"分析"中单击"更改数据源"进行数据源的调整。

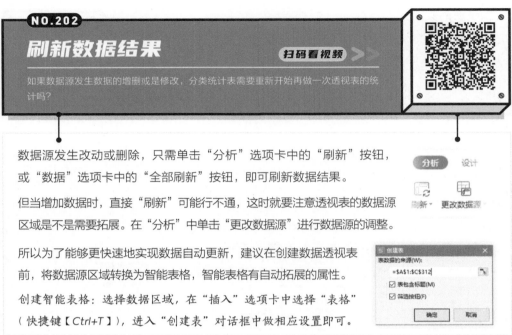

所以为了能够更快速地实现数据自动更新，建议在创建数据透视表前，将数据源区域转换为智能表格，智能表格有自动拓展的属性。

创建智能表格：选择数据区域，在"插入"选项卡中选择"表格"（快捷键【Ctrl+T】），进入"创建表"对话框中做相应设置即可。

NO.203

计算占总计的百分比

扫码看视频 >>

求数据占比也是经常会遇到的报表使用场景，如何快速计算每一个分类数据占总计的百分比？

以统计每种消费类型占消费总金额的占比为例，统计需求如下。

分类：消费类型

统计：金额

❶ 插入透视表，按需求做好统计，生成透视表。

❷ 双击值字段标题（求和项：金额），进入"值字段设置"对话框，将"值显示方式"设置为"总计的百分比"。

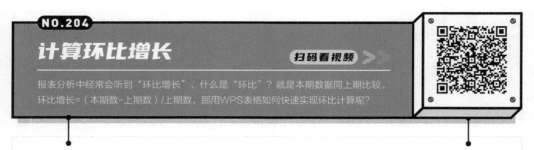

NO.204

计算环比增长

扫码看视频 >>

报表分析中经常会听到"环比增长"，什么是"环比"？就是本期数据同上期比较，环比增长＝（本期数－上期数）/上期数，那用WPS表格如何快速实现环比计算呢？

以计算 2020 年消费金额的月环比为例，先分析统计需求。

分类：日期（月，计算月环比要以"月"分类）

统计：金额

❶ 插入透视表，将"日期"拖入"行"区域，"金额"拖入"值"区域，生成数据透视表格。

❷ 右键单击任意日期，单击"组合"命令，弹出对话框后将"日期"按照"月"进行分组。

以 3 月消费金额为例，其环比增长率计算公式：$(1448.1-3728.54)/3728.54 \approx -0.6116$。

❸ 双击值字段标题，即"求和项：金额"字段标题，进入"值字段设置"对话框。

❹ 在"值显示方式"中选择"差异百分比"。

❺ "基本字段"选择"日期"。

❻ "基本项"选择"（上一个）"，单击"确定"按钮。

基本字段和基本项的含义是：按"日期"作为基本字段进行分类，然后计算当前项数据与"上一个""日期"数据的差异百分比。

1月消费金额的差异百分比为空，是因为1月的上一个月数据不存在，无法计算，所以留空。

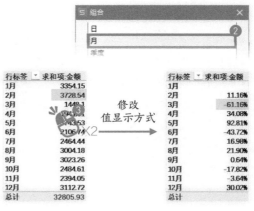

行标签	求和项:金额
1月	3354.15
2月	3728.54
3月	1448.1
4月	
5月	43.53
6月	2106.14
7月	2464.44
8月	3004.18
9月	3023.26
10月	2484.61
11月	2394.05
12月	3112.72
总计	32805.93

修改
值显示方式 →

行标签	求和项:金额
1月	
2月	11.16%
3月	-61.16%
4月	34.08%
5月	92.81%
6月	-43.72%
7月	16.98%
8月	21.90%
9月	0.64%
10月	-17.82%
11月	-3.64%
12月	30.02%
总计	

NO.205

计算同比增长

扫码看视频 >>

什么是"同比"？本期数据与历史同期（一般是上年同期）比较，同比增长=（本期数-同期数）/同期数，那用WPS表格如何快速实现同比计算呢？

以 2019-2020 年消费清单为数据源，计算 2020 年每月消费金额的同比。

❶ 插入透视表，按照"日期"分类统计"金额"，"日期"按照"年""月"进行分组。

❷ 双击值字段标题弹出对话框。

❸ 在"值字段设置"对话框中，"值显示方式"选择"差异百分比"。

❹ "基本字段"选择"年"。

❺ "基本项"选择"（上一个）"，单击"确定"按钮。

同比就计算完成了，可以验算一下统计结果是否正确，以 2020 年 9 月数据为例：（3023.26-2701.03）/2701.03 ≈ 0.1193。

统计表中部分单元格为空或 #N/A，是因为这些单元格没有上一年的同期数据比较，不能计算，所以没有计算结果。这里的 #N/A 错误是正常的，如果想要隐藏错误值，可以使用技巧 NO.194 来屏蔽错误值。

NO.206

快速补全函数名称

扫码看视频 >>

函数那么多，还都是英文，英文很差完全记不住怎么办？短的函数名称不用记，长的函数名称也不用记！

在公式中输入函数名称时，输入函数名称开头字母，WPS 表格会自动匹配函数列表，输入字母越多，匹配的函数列表越精确。

所以，忘记函数名称也没关系，只要记得前几个字母，就可以在函数列表中按键盘上的上、下键进行选择，然后按【Tab】键，即可快速补全函数名称及后面的括号。

或者在列表中双击选中函数名称也可快速补全。

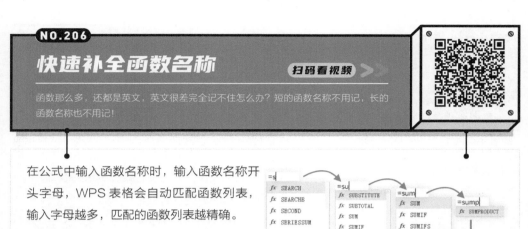

NO.207

公式中快速添加\$

扫码看视频 >>

函数公式中引用单元格或区域时，有时需要切换单元格的引用方式，也就是常见的单元格名称中有"\$"，这样的"\$"如何快速添加？

首先需要区分单元格的引用方式——

相对引用：引用单元格与公式所在单元格相对位置不变，公式位置变，引用单元格也变，如 A1。

绝对引用：引用单元格绝对不变，如 \$A\$1。

混合引用：引用单元格行绝对不变（如 A\$1）或列绝对不变（如 \$A1）。

在公式中切换单元格引用方式，除了可以手动添加、删除"\$"，也可以直接按快捷键【F4】快速切换。

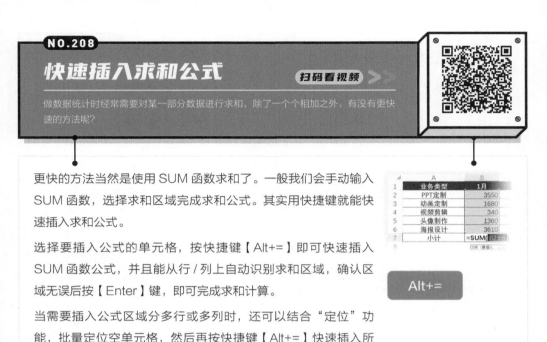

NO.208

快速插入求和公式

扫码看视频 >>

做数据统计时经常需要对某一部分数据进行求和，除了一个个相加之外，有没有更快速的方法呢？

更快的方法当然是使用 SUM 函数求和了。一般我们会手动输入 SUM 函数，选择求和区域完成求和公式。其实用快捷键就能快速插入求和公式。

选择要插入公式的单元格，按快捷键【Alt+=】即可快速插入 SUM 函数公式，并且能从行 / 列上自动识别求和区域，确认区域无误后按【Enter】键，即可完成求和计算。

当需要插入公式区域分多行或多列时，还可以结合"定位"功能，批量定位空单元格，然后再按快捷键【Alt+=】快速插入所有求和公式。

NO.209

计算累计总和

扫码看视频 >>

累计求和在WPS表格应用场景中经常会遇到，比如计算逐日累计销售额、逐月累计利润等，如何用SUM函数来计算累计总和？

要求：计算逐月累计销售额。

1 月累计销售额为 SUM(B2)；2 月累计销售额为 SUM(B2:B3)；3 月累计销售额为 SUM(B2:B4)，以此类推。

累计销售额始终是从第一个数据单元格（B2）开始到当前行数据单元格的总和，所以可以将求和区域的开始单元格切换引用方式（按快捷键【F4】）锁定不动。

在 C2 单元格输入公式：=SUM($B$2:B2)；双击填充柄，向下填充公式，求和区域开始单元格始终不变。

NO.210
四舍五入保留2位小数
扫码看视频 〉〉

统计结果小数点后好多位，数据看起来非常乱，所以我们一般会统一只保留2位小数。
如何将数据四舍五入保留2位小数？

ROUND 函数可以将数字四舍五入到指定的位数。语法为：

ROUND(数值，小数位数)。

第1参数：需四舍五入的数字。

第2参数：需保留的小数位数。

=ROUND(B2,2)

原数据	四舍五入	向上舍入	向下舍入
4.221	4.22	4.23	4.22
4.1393	4.14	4.14	4.13
9.22	9.22	9.22	9.22

补充知识点：如果不是四舍五入，而是要全部向上舍入或向下舍入，可以用另外两个函数：
ROUNDUP（向上舍入数字）、*ROUNDDOWN*（向下舍入数字）。这两个函数的参数与
ROUND 函数完全一样。*ROUNDUP* 函数是不论后面多余的小数多大，都会向上入 "1"（没
有多余小数则不入）；而 *ROUNDDOWN* 函数是将多余位数直接舍去。

NO.211
统计非空单元格个数
扫码看视频 〉〉

经常需要在表格中统计有数据的单元格的个数，不过数据也分为很多类，如何才能正
确统计想要统计的非空单元格？

COUNTA 函数可以统计非空单元格个数，计算包含任何类型的信息，包括错误值和空文
本。其语法为：*COUNTA(值1，[值2]，...)*。

COUNT 函数可以计算区域中包含数字的单元格个数，语法为：*COUNT(值1，[值2]，...)*。

例如，用 *COUNTA* 函数可以求得 A2:A7 区域内的非空单元格个数为 5，而用
COUNT 函数计算 A2:A7 区域的数字单元格数为 3。

如果想要忽略隐藏单元格统计非空单元格
个数，可以使用 SUBTOTAL 函数。

数据
1
无
#N/A
2
2

计算个数	公式	计算结果
非空单元格	=COUNTA(A2:A7)	5
数字单元格	=COUNT(A2:A7)	3

LEN 函数可以计算文本字符串中的字符个数，语法为：*LEN(字符串)*。

LENB 函数可以计算文本字符串中用于代表字符的字节数，语法为：*LENB(字符串)*。

两者的区别在于，LEN 是计算字符数，LENB 是计算字节数。

例如，同样是统计 "艾迪鹅 *ideart*"，*LEN* 函数的统计结果是 *9*，而 *LENB* 函数是 *12*，这是因为一个中文字符占两字节。

	A	B	C	D	E
1	数据		计算	公式	计算结果
2	艾迪鹅ideart		字符数	=LEN(A2)	9
3			字节数	=LENB(A2)	12

使用 IF 函数做条件判断，IF 函数语法为：*IF(测试条件 , 真值 , [假值])*。

第 1 参数：逻辑判断条件，该参数的计算结果一定是逻辑值 *TRUE* 或 *FALSE*。

第 2 参数：当第 1 参数计算结果为 *TRUE* 时返回的结果。

第 3 参数：当第 1 参数计算结果为 *FALSE* 时返回的结果。

【情况一】成绩 >=60，即为"合格"。

条件：成绩 >=60

如果条件成立：合格

如果条件不成立：不合格

	A	B	C	D	E	F
1	姓名	成绩	出勤率	是否合格		
2	老秦	71	97%	=IF(B2 >=60,"合格","不合格")		
3	三水	57	74%	不 IF(测试条件, 真值, [假值])		
4	小敏	98	70%	合格		
5	伟崇	79	92%	合格		
6	澄音	53	98%	不合格		
7	哎呦	72	98%	合格		

D2 单元格公式：=IF(B2>=60,"合格","不合格")。

如果 B2 的值大于等于 60，那么返回"合格"，否则返回"不合格"。

【情况二】成绩 >=60，且出勤率 >90%，即为"合格"。

条件1：成绩 >=60 且条件 2：出勤率 >90%

如果条件成立：合格

如果条件不成立：不合格

	A	B	C	D	E	F	G
1	姓名	成绩	出勤率	是否合格			
2	老秦	71	97%	=IF(AND(B2 >=60, C2 >90%),"合格","不合格")			
3	三水	57	74%	不 IF(测试条件, 真值, [假值])			
4	小敏	98	70%	不合格			
5	伟崇	79	92%	不合格			
6	澄音	53	98%	不合格			
7	哎呦	72	98%	合格			

两个条件必须同时满足可以用 AND 函数来做逻辑连接，所以条件可以写成：AND(条件 1，条件 2)。

D2 单元格公式：=IF(AND(B2>=60,C2>90%),"合格","不合格")。

如果 B2 的值大于等于 60，且 C2 大于 90%，那么返回"合格"，否则返回"不合格"。

NO.214

出现错误值自动显示0

扫码看视频 ≫≫

报表中有些公式结果经常会出现一些错误值，在保证公式正确的情况下，一些错误值出现是正常的，所以一般会把错误值显示为"0"或"–"。

IFERROR 函数可以捕获和处理公式中的错误，将错误值显示为其他数据。

IFERROR 函数语法：IFERROR(值，错误值)

第 1 参数：检查是否存在错误的值。

数据	公式	计算结果
#N/A	=IFERROR(A2,0)	0
#N/A	=IFERROR(A2,"–")	–

第 2 参数：参数1如果为错误值时返回的值，错误值包括 #N/A、#VALUE!、#REF!、#DIV/0!、#NUM!、#NAME? 或 #NULL!。

自动显示"0"：=IFERROR(A2,0)。

自动显示"–"：=IFERROR(A2,"–")，如果参数 2 是文本字符串，则需要用英文引号括起来。

NO.215

单条件求和、求平均值

扫码看视频 >>

职场办公中，汇总统计数据是必不可少的部分，但想要高效、正确附带条件地汇总数据就有点犯难了。下面来看看单条件的求和、求平均值怎么做。

要求：统计"王牌 P 计划"训练营的总人数。

条件型统计函数 SUMIF 可以实现按照指定条件计算总和，语法：*SUMIF(区域，条件，[求和区域])*。

第 1 参数：要按条件计算的单元格区域。

第 2 参数：逻辑条件。

第 3 参数：求和区域。

F2 单元格公式：=SUMIF(A:A,E2,C:C)。

含义为，在 A 列中找出值与 E2 单元格值相等的活动，然后把这些活动对应的 C 列中的值求和。

在使用 SUMIF 函数时，应该注意：

● 第 1 参数与第 3 参数的区域要一样大

● 当第 3 参数求和区域与第 1 参数需匹配条件区域相同时，第 3 参数可以省略

● 第 2 参数逻辑条件的写法要注意准确性，写法参照下表

条件类型	含义
E2	等于 E2 单元格的值
"<>"&E2	不等于 E2 单元格的值
">=60"	大于等于 60
" 王牌 P 计划 "	值为"王牌 P 计划"
"* 模板 *"	包含"模板"

按条件求平均值可以用函数 AVERAGEIF，其语法及参数与 SUMIF 完全一样，只不过换了一个函数名称就可以求条件均值了。

SUMIF（区域，条件，[求和区域]）
AVERAGEIF（区域，条件，[求平均值区域]）

要求：统计"王牌P计划"训练营"2月"学员的总人数。

多条件求和可以使用 SUMIFS 函数，SUMIF 函数的复数，两者语法相似，参数的位置有点差异。

语法：*SUMIFS(求和区域 , 区域1, 条件1, ...)*

将求和区域提至第1参数，以便后面的多个条件挨在一起。

F2 单元格公式：=SUMIFS(C:C,A:A,E2,B:B,"2月")。

▲	A	B	C	D	E	F	G	H
1	训练营	月份	学员人数		训练营	学员总人数		
2	王牌P计划	1月	219		王牌P计划	=SUMIFS(C:C ,A:A, E2 ,B:B, "2月")		
3	我为母校献模板	1月	197		我为母校献模板			
4	另P蹊径	1月	235		另P蹊径			
5	21天生存战	1月	123		21天生存战			
6	小黑屋	1月	139		小黑屋			
7	王牌P计划	2月	108					

含义为，在 A 列中找出值与 E2 单元格值相等，且 B 列中值为"2 月"对应的 C 列中的值进行求和。

多条件汇总统计家族除了 SUMIFS，还有 AVERAGEIFS、COUNTIFS、MAXIFS、MINIFS，这些函数都是 IFS 加统计函数组成的多条件统计函数，语法参数都相似，这里就不再赘述了。

函数	说明	函数	说明
SUMIF	条件求和	SUMIFS	多条件求和
AVERAGEIF	条件求均值	AVERAGEIFS	多条件求均值
COUNTIF	条件计数	COUNTIFS	多条件计数
MAXIFS	多条件求最大值	MINIFS	多条件求最小值

NO.217
计算倒计时天数

扫码看视频 >>

在很多报表中，需要计算截止日期前剩余的天数，如何能每天打开报表出现自动更新的倒计时天数呢？

倒计时天数实际上就是截止日期与当前日期的差。

今天的日期可以用快捷键【Ctrl】+【；】快速录入，但这样录入的日期是不会自动更新的，所以需要用 TODAY 函数来获取系统当前日期，从而保证每天打开文件都是最新的倒计时结果。

倒计时天数公式：

截止日期	倒计时公式	结果
2020/12/31	=A2-TODAY()	332

倒计时 = 截止日期 –TODAY()

* 当天日期为2020/2/3

TODAY 函数不需要参数，与它类似的还有 NOW、ROW、COLUMN、RAND 函数，分别可以获取当前时间、当前单元格行号、当前单元格列号、0~1 的随机小数。

NO.218
日期中自动提取年、月、日

扫码看视频 >>

有时为了统计分析数据，需要获取日期中的年、月、日的信息，如果一个个手动提取太慢了，有没有快速的方法？

如果需要单独获取日期中的年、月、日，可以分别用 YEAR、MONTH、DAY 函数，它们的语法和参数完全一样。

	A
1	2020/2/14 21:28

获取年份：*YEAR(日期序号)*。

获取月份：*MONTH(日期序号)*。

获取日：*DAY(日期序号)*。

公式	结果	公式	结果
=YEAR(A1)	2020	=HOUR(A1)	21
=MONTH(A1)	2	=MINUTE(A1)	28
=DAY(A1)	14	=SECOND(A1)	0

同样，如果想要获取时间中的时、分、秒，可以分别用 HOUR、MINUTE、SECOND 函数，也是一样的语法和参数。

NO.219

计算两个日期相隔月数

扫码看视频 >>

计算两个日期相隔月数是不是直接把两个日期相减得到间隔天数，然后除以30就好了呢？当然不对，可不是每个月都是30天的。

使用DATEDIF 函数可以计算月差、年差。

DATEDIF 函数语法：

DATEDIF(开始日期 , 终止日期 , 比较单位)

日期1	日期2	公式	结果
2020/2/3	2020/3/5	=DATEDIF(A2,B2,"m")	1
2020/2/3	2020/3/2	=DATEDIF(A3,B3,"m")	0
2020/2/3	2021/2/2	=DATEDIF(A4,B4,"m")	11
2020/2/3	2021/2/2	=DATEDIF(A5,B5,"y")	0
2020/2/3	2021/2/3	=DATEDIF(A6,B6,"y")	1

常用比较单位有"Y""M""D"，分别计算整年数、整月数和天数。该函数也可以用来计算周岁，公式为：DATEDIF(出生日期 ,TODAY(), "y")。

NO.220

计算工作日天数

扫码看视频 >>

制作考勤表时，需要计算每位员工的工作日天数，工作日是周一至周五，但中间可能还有一些法定节假日，那怎么计算工作日？

用工作日函数 NETWORKDAYS.INTL 或 NETWORKDAYS 可以计算剔除节假日的工作日天数。

两者的差别是 NETWORKDAYS.INTL 可自定义周末，而 NETWORKDAYS 不能，习惯用前者。

语法：*NETWORKDAYS.INTL(开始日期 , 终止日期 , [周末], [假期])*

第 3 参数：自定义周末，不同的数字代表不同的周末，可参照右图选择。

第 4 参数：节假日单元格区域（需事先将节假日列在表中）。

周末数	周末日
1或省略	星期六、星期日
2	星期日、星期一
3	星期一、星期二
4	星期二、星期三
5	星期三、星期四
6	星期四、星期五
7	星期五、星期六
11	仅星期日
12	仅星期一
13	仅星期二
14	仅星期三
15	仅星期四
utf-16	仅星期五
日	仅星期六

开始日期	终止日期	工作日公式	结果
2020/2/3	2020/5/1	=NETWORKDAYS.INTL(A2,B2,1,G2:G23)	63

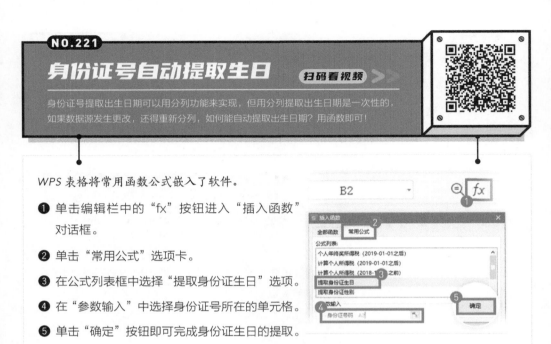

WPS 表格将常用函数公式嵌入了软件。

❶ 单击编辑栏中的"fx"按钮进入"插入函数"
对话框。

❷ 单击"常用公式"选项卡。

❸ 在公式列表框中选择"提取身份证生日"选项。

❹ 在"参数输入"中选择身份证号所在的单元格。

❺ 单击"确定"按钮即可完成身份证生日的提取。

这种情况一般是因为单元格的格式是"文本",所以输入的公式是文本
字符串,不会进行公式计算。想要让文本型公式变成正常计算的公
式,必须先将单元格格式设置为"常规",然后再让单元格重新计算。

办法一：手动操作

在公式个数比较少的情况下,直接双击单元格进入编辑状态,然后按
【Enter】键就可以重新计算。

办法二：批量操作

在"数据"选项卡中单击"分列"按钮,进入分列向导,直接单击
"完成"按钮,就可以批量将整列重新计算。

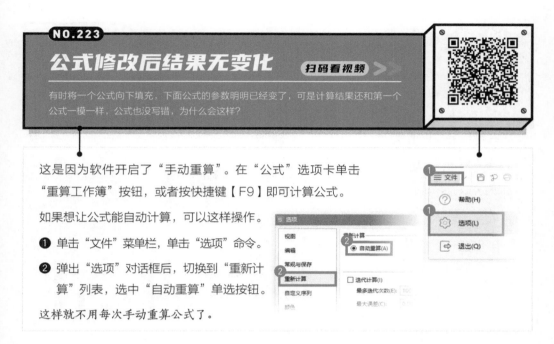

NO.223

公式修改后结果无变化

扫码看视频 >>

有时将一个公式向下填充，下面公式的参数明明已经变了，可是计算结果还和第一个公式一模一样，公式也没写错，为什么会这样？

这是因为软件开启了"手动重算"。在"公式"选项卡单击"重算工作簿"按钮，或者按快捷键【F9】即可计算公式。

如果想让公式能自动计算，可以这样操作。

❶ 单击"文件"菜单栏，单击"选项"命令。

❷ 弹出"选项"对话框后，切换到"重新计算"列表，选中"自动重算"单选按钮。

这样就不用每次手动重算公式了。

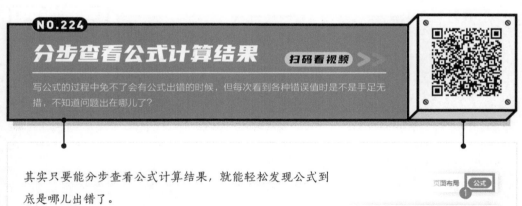

NO.224

分步查看公式计算结果

扫码看视频 >>

写公式的过程中免不了会有公式出错的时候，但每次看到各种错误值时是不是手足无措，不知道问题出在哪儿了？

其实只要能分步查看公式计算结果，就能轻松发现公式到底是哪儿出错了。

❶ 在"公式"选项卡下找到并单击"=? 公式求值"按钮。

❷ 弹出"公式求值"对话框后单击"求值"按钮，就能看到在求值窗口中公式会进行分步计算。

当前求值部分公式的下方会有下划线标记，能清晰看到公式的计算过程，由此可以判断出错的公式是在哪一环节出错，这个功能用得好的话对于书写公式会有很大的帮助。

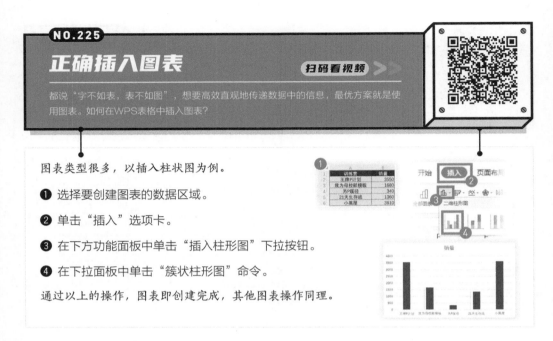

NO.225 正确插入图表

扫码看视频 >>

都说"字不如表，表不如图"，想要高效直观地传递数据中的信息，最优方案就是使用图表。如何在WPS表格中插入图表？

图表类型很多，以插入柱状图为例。

❶ 选择要创建图表的数据区域。

❷ 单击"插入"选项卡。

❸ 在下方功能面板中单击"插入柱形图"下拉按钮。

❹ 在下拉面板中单击"簇状柱形图"命令。

通过以上的操作，图表即创建完成，其他图表操作同理。

NO.226 快速调整图表数据范围

扫码看视频 >>

有时图表需要删一部分柱形图，或者增加一部分数据区域的柱形图，是不是要把数据增删后，重新创建图表呢？不用！

选中图表后，会看到图表数据区域上有几个颜色引用框，这几个引用框区域分别是图表的系列名称、系列值及水平轴标签。引用框的四个角上各有一个小方块。

把鼠标指针移至这些小方块上，当鼠标指针变成一个双向箭头时，按住鼠标左键不放拖动，即可改变引用框的大小；把鼠标指针移至引用框的四边上，当鼠标指针变成一个四向箭头时，按住鼠标左键不放拖动，即可移动引用框的位置。

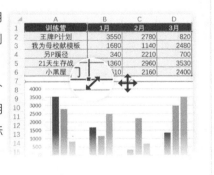

通过以上两个操作就可以快速调整图表的数据范围。

NO.227

调转横坐标轴与系列标签 扫码看视频 ≫

插入图表后发现，图表的样子跟想象中不大一样，想要分析销量在月份上的变化趋势，可横坐标轴不是月份，而是活动名称，怎样才能调转横坐标轴与系列标签呢？

插入图表时，默认数据行标签为图表横坐标轴标签，列标签为图表系列标签。调转横坐标轴与系列标签有两个方法。

方法一：将数据区域进行行列转置

复制数据区域，单击"开始"选项卡下的"粘贴"下拉按钮，在下拉菜单中单击"转置"命令即可，但一般数据区域不能改动。

方法二：将图表进行行列切换

选中图表，在"图表工具"选项卡中单击"切换行列"按钮即可。

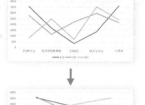

NO.228

快速添加新的数据系列 扫码看视频 ≫

基于现有图表要添加新的数据系列，这样的情况很常见，难道每次都要从零开始创建图表吗？

方法一：调整图表数据区域引用框

方法二：编辑数据源

❶ 选中图表，单击"图表工具"选项卡下的"选择数据"按钮，弹出"编辑数据源"对话框后单击"添加"按钮可添加数据系列。

❷ 在弹出的"编辑数据系列"对话框中，"系列名称"框中选择要添加的系列标题单元格，"系列值"框中选择要添加的系列值单元格区域。

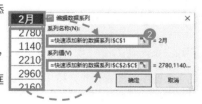

这两个方法，前者简单快速，后者设置自由度高。

认识图表元素：

图表元素非常多，但想要认识它们并不难。移动鼠标，把鼠标指针悬停在图表元素上方，即会出现元素相关信息的悬浮窗。

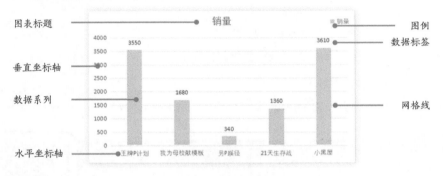

添加图表元素：

单击图表右上角的"图表元素"图标，在展开的面板中可以添加图表元素。或者选中图表，在"图表工具"选项卡中单击"添加元素"按钮，里面有所有的图表元素选项，单击即可添加。

删除图表元素：

选中要删除的图表元素，按【Delete】键即可删除。

NO.230
给单个数据点添加标签

扫码看视频 >>

有时需要强调某个数据点，想要只给单个柱形添加数据标签，可是一添加就把所有的数据点都加上了。怎么才能给单个数据点添加数据标签？

如果选中整个图表，添加数据标签，会将图表中所有数据系列的所有数据点全部添加上标签。想要给单个数据点添加标签，必须先选中该数据点。

❶ 单击数据点一次，会将该数据点的整个数据系列选中。

❷ 再单击一次，就能选中单个数据点（选中元素边上会出现圆点）。

❸ 单击鼠标右键，打开右键菜单，单击"添加数据标签"命令即可。

注意：编辑图表时，无论是添加、删除或是设置图表的哪个元素，一定要先选中对象，再进行操作。

NO.231
自定义数据标签的内容

扫码看视频 >>

数据系列标签默认都是数据系列本身的值，但有时我们只是借用一下该数据系列数据标签的位置，而标签的值要求自定义。这种效果WPS能实现吗？

❶ 选中数据标签后，单击鼠标右键，打开右键菜单，单击"设置数据标签格式"命令。

❷ 在"标签"-"标签选项"选项中，勾选"单元格中的值"复选框，会弹出"数据标签区域"对话框。

❸ 单击"选择数据标签区域"编辑框，选择需要的单元格区域。

❹ 单击"确定"按钮。

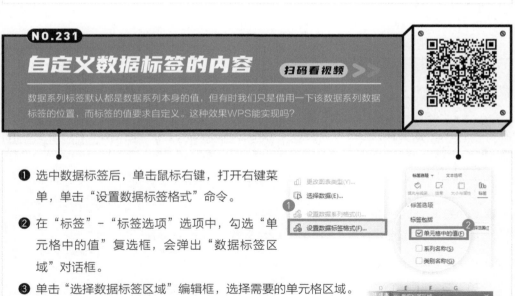

"标签选项"中除了"单元格中的值"，还有"系列名称""类别名称""值"等，还可以设置标签选项间的分隔符，根据实际场景需要可以选择性勾选。

NO.232

修改坐标轴的刻度间距

扫码看视频 >>

自动生成的图表坐标轴刻度间距不符合需求，如何能自定义坐标轴的刻度间距？

❶ 选中要修改的坐标轴，单击鼠标右键，打开右键菜单，单击"设置坐标轴格式"命令，弹出新窗格。

❷ 单击"坐标轴"按钮，在"坐标轴选项"列表中修改自定义坐标轴的单位。

不同坐标轴标签数据类型（数值、文本、日期）对应坐标轴选项中的设置会有不同，数值的单位是数值，日期的单位则是"天／月／年"，所以修改坐标轴刻度间距的具体设置操作视实际情况而定。

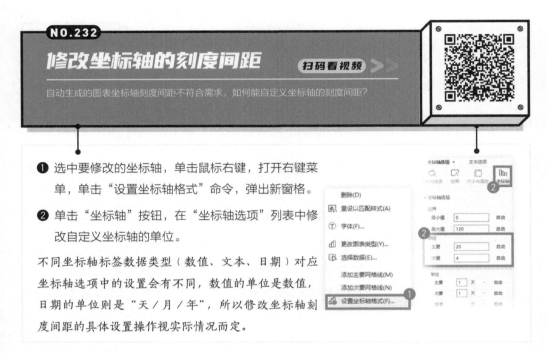

NO.233

修改坐标轴单位

扫码看视频 >>

位数过多的坐标轴数据不是很方便阅读，在WPS表格中该如何对坐标轴显示单位做出优化？

❶ 选中要修改的坐标轴，单击鼠标右键，打开右键菜单，单击"设置坐标轴格式"命令，弹出新窗格。

❷ 对于修改日期坐标轴，只需单击"坐标轴"按钮，在"坐标轴选项"－"单位"列表中可以修改单位。

❸ 数值坐标轴则需要在"显示单位"下拉列表中选择合适的单位，如"百""千""百万"等。

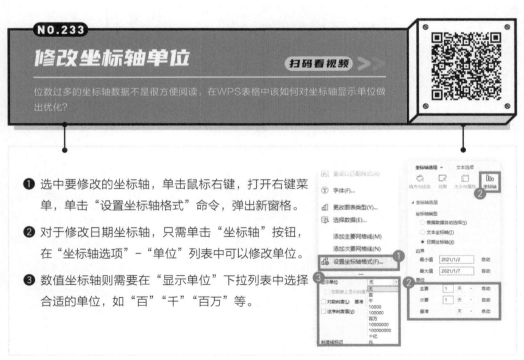

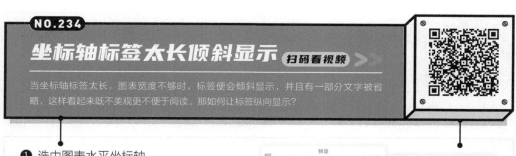

NO.234

坐标轴标签太长倾斜显示　扫码看视频 ≫≫

当坐标轴标签太长，图表宽度不够时，标签便会倾斜显示，并且有一部分文字被省略，这样看起来既不美观更不便于阅读。那如何让标签纵向显示？

❶ 选中图表水平坐标轴。

❷ 单击鼠标右键，打开右键菜单，单击"设置坐标轴格式"命令，弹出新窗格。

❸ 在右侧"属性"面板中单击"文本选项"选项卡下的"文本框"按钮。

❹ 在"文字方向"下拉列表中选择"竖排"选项即可变为纵向显示。

NO.235

快速更改图表配色方案　扫码看视频 ≫≫

图表中元素那么多，如果要修改图表颜色，一个个图表元素修改太慢了，有没有更快速的办法呢？

❶ 选中图表，单击"图表工具"选项卡。

❷ 单击"更改颜色"下拉按钮，在下拉面板中可以任意选择一种配色，即可快速更改图表配色。

配色列表中有彩色和单色的多种配色方案可供选择，这些配色与文件的主题色相关。如果更改主题色，此颜色列表中的配色也会变化。

所以，如果想要获取更多配色方案，可以在"页面布局"选项卡中单击"颜色"下拉按钮，在下拉面板中修改主题色。

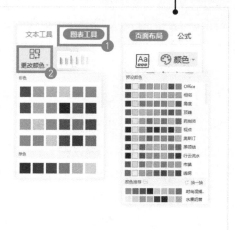

NO.236

快速美化图表

扫码看视频 >>

图表美化是一大难题，而且美化是没有标准的，很容易在上面浪费时间。在工作中制作图表要的就是效率，那如何快速美化图表呢？

选中图表，单击"图表工具"选项卡下的"图表样式"下拉按钮，在下拉面板中选择不同的样式即可快速切换图表样式，配合"更改颜色"功能快速更改图表配色，即可快速美化图表。

在美化图表时需注意：删除不必要的元素，把空间留给有用的信息；突出要强调的元素，让关键信息一目了然；适当用图表元素引导视线；图表元素（包括颜色、大小、类别等）要统一、要对齐。

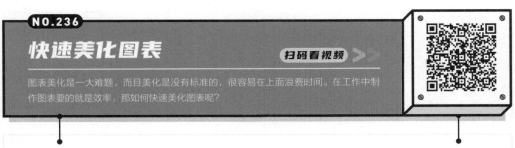

NO.237

用特殊符号制作创意图表

扫码看视频 >>

购物App中经常会有五星评分，这种效果其实用WPS表格也能做出来。只需用一个REPT函数和五角星符号。

REPT 函数可以将文本重复一定的次数，语法：*REPT(字符串 , 重复次数)*。

第 1 个参数是要重复的文本，第 2 个参数是重复的次数。

C2 单元格公式：=REPT(" ★ ",B2)

D2单元格公式：=REPT(" ★ ",B2)&REPT(" ☆ ",5-B2)

实心星星个数即评分的单元格值；空心星星个数为总分减去实际评分。REPT 函数的结果是文本，可以用"&"文本连接符将两个公式结果连接起来。

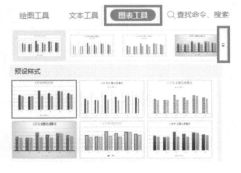

说明：(1) 特殊符号★和☆在输入法的符号大全中可以找到；(2) 修改字体颜色即可修改图标颜色。

NO.238

折线图直线变曲线

扫码看视频 ≫

WPS中默认插入的折线图都是直线，显得比较生硬、呆板。如何把直线变成曲线，让线条显得更加流畅呢？

❶ 选中折线段，单击鼠标右键，打开右键菜单，单击"设置数据系列格式"命令，弹出新窗格。

❷ 单击"系列选项"下的"系列"按钮。

❸ 勾选"平滑线"复选框。

通过以上操作即可完成直线变曲线的操作。

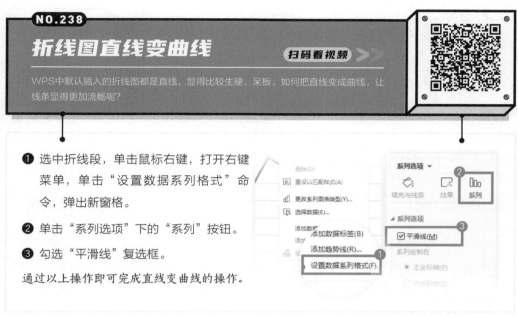

NO.239

单元格中添加数据条

扫码看视频 ≫

报表中一堆数据看着密密麻麻，一眼看不出哪个大哪个小，但如果直接给每个单元格中添加一个像条形图一样的数据条，数据的大小区分就很清晰了。

❶ 选择需要添加数据条的单元格区域。

❷ 在"开始"选项卡中单击"条件格式"下拉按钮。

❸ 在下拉菜单中单击"数据条"命令并选择想要的数据条填充样式。

如果要对数据条做更多设置，可以单击"管理规则"命令进行调整。

171

NO.240

单元格中添加红绿灯图标 扫码看视频 >>

报表中数据如果能分段显示不一样颜色的图标，数据的层级就非常清晰了。如何在单元格中添加像红绿灯一样的图标？

❶ 选择要设置格式的单元格区域，单击"开始"选项卡下的"条件格式"下拉按钮，在下拉菜单中单击"图标集"命令，在展开的面板中选择"三色交通灯"形状样式。

这样红绿灯图标就已经添加完成，但默认的层级分布可能并不符合实际需求（比如：不及格的数据没有变红），需要修改各层级值的范围。

❷ 单击"条件格式"下拉按钮，在下拉菜单中单击"管理规则"命令。

❸ 在"条件格式规则管理器"对话框中，先选中要编辑的规则，再单击"编辑规则"按钮，或直接双击要编辑的规则，进入"编辑规则"对话框。

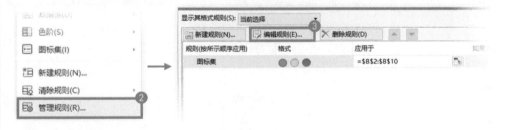

因为预先选择了"图标集"条件格式，所以规则类型、格式样式、图标样式都不需要变动，只要修改"值"的相关规则即可。

（后续步骤见下页）

❹ 将"类型"均设置为"数字"。

❺ 绿灯的值为">=90"，黄灯的值为">=60"，默认红灯的值为"<60"，单击"确定"按钮，即完成规则的修改。

四种值类型

数字：值为数字、日期或时间，根据数字的特性进行大小比较。

百分比：将数据区域中最大值与最小值之间按照数值大小进行百分比划分等级，最大值为100%，最小值为0%。

百分点值：将数据区域中的数据进行排序，按照数据点数量的比例找到对应百分比位置处的数据点，并按此数据点的值进行划分。

公式：以等号开始的公式，公式返回的结果为数字、日期、时间。

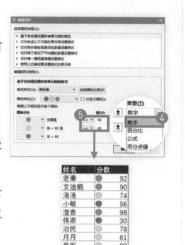

NO.241
单元格中制作热力图

扫码看视频 ▶▶

报表中一堆数据看着密密麻麻，一眼看不出数据分布情况，但如果直接让单元格根据数值大小显示不同的颜色，数据的分布就很清晰了。

---

❶ 选择需要添加色阶的单元格区域。

❷ 在"开始"选项卡中单击"条件格式"下拉按钮。

❸ 在下拉菜单中，单击"色阶"命令，在展开的面板中选择一种色阶样式即可。

如果要对色阶做更多设置，可以单击"条件格式"下拉菜单中的"管理规则"命令，弹出对话框后，双击规则进入"编辑规则"对话框中进行自定义。

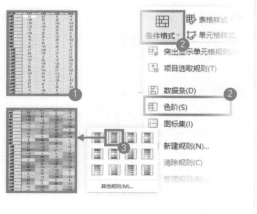

NO.242

始终凸显最大值的柱形图 扫码看视频 >>

为了凸显系列中的最大值，我们会将其换个颜色，但如果是手动换颜色，一旦数据发生变化，又得重新手动换颜色，非常麻烦。有没有办法自动凸显最大值？

用组合图表可以实现这个效果。

❶ 准备好图表的数据源，添加一个辅助列，用 IF 函数公式来判断：当前行的销量是否是最大值。如果是，则返回这个值，如果不是，则返回空。

公式：=IF(B2=MAX($B$2:$B$6),B2,"")。

用这个辅助列，就能把最大值单独放在一列中，单独为一个数据系列。

❷ 选择 A、B 列的数据区域，单击"插入"选项卡下的"柱形图"按钮，在下拉面板中单击"簇状柱形图"命令，得到基本柱形图。

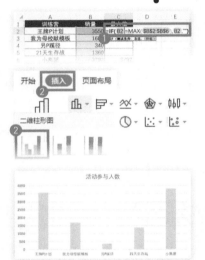

接下来需要将辅助列数据添加为一个新的数据系列。

❸ 选中创建好的柱形图，单击"图表工具"选项卡下的"选择数据"按钮。

❹ 在"编辑数据源"对话框中单击"添加"按钮，弹出"编辑数据系列"对话框。

❺ 选择 C1 单元格作为系列名称，C2:C6 为系列值区域，单击"确定"按钮。

（后续步骤见下页）

这样就已经把辅助列数据添加进图表中了，但是还没有达到想要的效果。其实只需将系列重叠调整成 100% 就可以了。

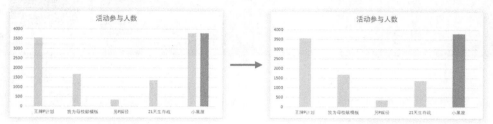

❻ 单击选中任意一个数据系列，单击鼠标右键打开右键菜单，单击"设置数据系列格式"命令。

❼ 在右侧新面板中，将"系列选项"列表中的"系列重叠"数值调整为"100%"。

此时，辅助列的数据系列在原图表数据系列上方，同为最大值的数据点就被遮挡住了，呈现出一种突出显示最大值的效果。

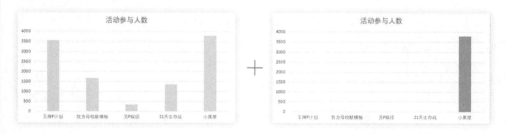

因为辅助列是用公式生成的，当 B 列数据发生变化时，辅助列的数据也会自动变化，从而实现始终自动突出显示最大值数据点的效果。

NO.243

连接断开的折线图

扫码看视频 >>

折线图断开了，一检查发现，原来断开点的数据是空值。WPS表格默认生成的折线图会将空单元格位置留空，那如何让断开点连接起来？

首先要明确 WPS 表格中空值与零值的区别，零值是"0"数据，而空值是没有数据。

接下来看一下如何让断开点连起来。

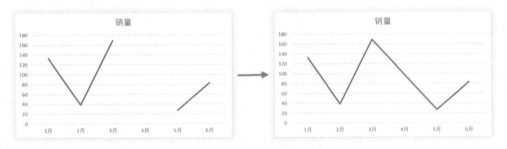

❶ 选中折线图图表，单击"图表工具"选项卡下的"选择数据"按钮，弹出对话框。

❷ 在"编辑数据源"对话框中，单击"高级设置"按钮，弹出更多选项。

❸ 在"空单元格显示为"右侧选中"用直线连接数据点"单选按钮。

设置完成，即可将断开点用直线连接起来。如果要将空单元格作为零值，则在第 ❸ 步选择"零值"。

补充知识点：

如果在隐藏行或列之后，发现图表不见了，可以在"编辑数据源"对话框中勾选"显示隐藏行列中的数据"复选项即可解决。

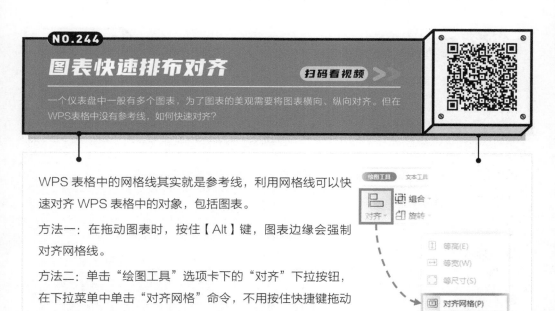

WPS 表格中的网格线其实就是参考线，利用网格线可以快速对齐 WPS 表格中的对象，包括图表。

方法一： 在拖动图表时，按住【Alt】键，图表边缘会强制对齐网格线。

方法二： 单击 "绘图工具" 选项卡下的 "对齐" 下拉按钮，在下拉菜单中单击 "对齐网格" 命令，不用按住快捷键拖动图表，也能强制对齐网格线及对齐其他对象（包括图表）。

常见的分析指标有以下四类。

极值： 分析数据中的最大值、最小值，可以用的图表种类很多，如柱形图、条形图、饼图都可以用来对比数据的大小，突出显示极值。不过当数据点比较多时，饼图就不适用了。

差异： 分析数据上升、下降的差异值，销售情况变好或变差，转化率逐层变化情况等。

趋势： 一般是分析数据在时间维度上的变化趋势，常用折线图来分析。

整体： 分析整体数据的情况，如数据的总和、平均状况；分析某一部分的数据占整体的比例情况，常用饼图来分析。

NO.246

智能表格设置动态数据源 〔扫码看视频〕 >>

WPS表格中动态分类统计报表、动态图表都是要基于动态更新的数据源，其实用智能表格就能快速设置动态更新的数据源。

因为智能表格有自动拓展区域的特性，利用这个特性即可创建动态数据源。

创建智能表格有两种方法。

方法一：插入表格

❶ 选择数据区域，单击"插入"选项卡中的"表格"按钮，或者使用插入表格快捷键【Ctrl+T】。

❷ 在弹出的"创建表"对话框中确认数据区域中是否包含标题行，如包含，则勾选"表包含标题"复选框，单击"确定"按钮后智能表格即创建完成。

方法二：套用表格样式

❶ 选择数据区域，单击"开始"下的"表格样式"下拉按钮，在展开的面板中任选一种表格样式。

❷ 在弹出的"套用表格样式"对话框中选中"转换成表格，并套用表格样式"单选按钮，勾选"表包含标题"复选框，单击"确定"按钮。

通过以上两种方法均可实现智能表格的创建。

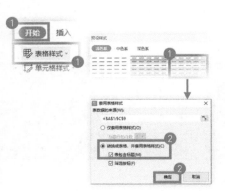

将普通数据区域转换为智能表格之后，在智能表格右下角有一个"L"形标记，就是指智能表格的范围。

当在智能表格的下方一行或右边一列输入数据后，智能表格区域会自动拓展多一行或一列。

训练营	月份	学员人数
王牌P计划	1月	219
我为母校献模板	1月	197
另P蹊径	1月	235
21天生存战	1月	123
小黑屋	1月	139
21天生存战	2月	
21天生存战	2月	666
另P蹊径	3月	

用智能表格创建数据透视表、数据透视图后，如果后期添加数据，只需在"数据"选项卡中单击"全部刷新"按钮，就能自动更新报表和图表的结果。

NO.247

查询函数构建动态数据源 扫码看视频 >>

用查询函数，根据某个单元格数据，在数据源中查询到所有相关的数据。一旦被引用单元格数据发生变动，后面所有查询到的数据也会跟着变动。

为了方便更改数据，可以在 A10 单元格设置一个下拉列表。后面 6 个月的数据只需根据 A10 单元格的数据在 A2:G7 区域中进行查询。

使用 VLOOKUP 函数

在 B10 单元格输入公式：

=VLOOKUP($A$10,$A$2:$G$7,COLUMN(),FALSE)。

解释说明：

- 第 1、第 2 参数为绝对引用，当公式向右填充时，引用区域绝对不变。

- 第 3 参数使用 COLUMN 函数获取当前单元格的列号，当公式向右填充时，列号发生改变，从而查询返回值的列数也发生改变。

使用 INDEX+MATCH 函数

在 B10 单元格输入公式：

=INDEX($B$2:$G$7,MATCH($A$10,$A$2:$A$7,0),MATCH(B9,$B$1:$G$1,0))。

解释说明：

- 用 MATCH 函数分别查询出 $A$10 的数据在 $A$2:$A$7 行标签区域中的行数、B9 数据在 $B$1:$G$1 列标签区域的列数。

- 再用 INDEX 函数在值区域中根据查询到的行列号来定位值。

- 参数中的单元格引用方式根据实际情况而定，引用单元格 / 区域要求不变就按【F4】键锁住。

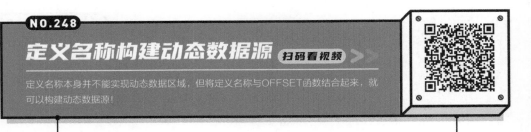

NO.248

定义名称构建动态数据源

扫码看视频

定义名称本身并不能实现动态数据区域，但将定义名称与OFFSET函数结合起来，就可以构建动态数据源！

先认识一下 OFFSET 函数，OFFSET 函数可以返回对单元格或单元格区域中指定行数和列数的区域的引用。也就是说 OFFSET 函数返回的结果是对区域的引用，如果能对其参数进行动态调整，就能构成一个动态区域。

OFFSET 函数语法：*OFFSET*(参照区域 , 行数 , 列数 ,[高度],[宽度])。

第 *1* 参数：参照区域，偏移基准的参照点。

第 *2* 参数：行数，从参照点起偏移的行数，正数向下偏移，负数向上偏移。

第 *3* 参数：列数，从参照点起偏移的列数，正数向右偏移，负数向左偏移。

第 *4* 参数：高度，引用区域的行高。

第 *5* 参数：宽度，引用区域的列宽。

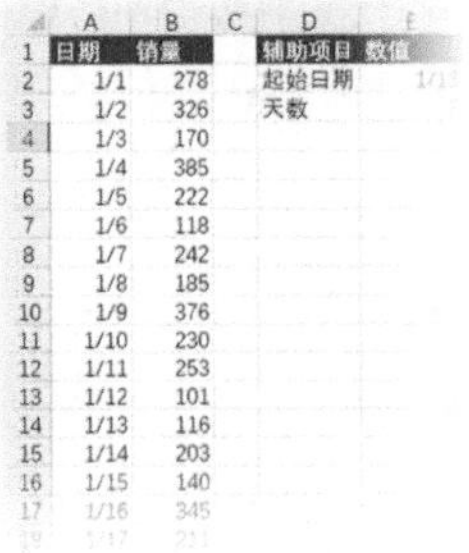

	A	B	C	D	E
1	日期	销量		辅助项目	数值
2	1/1	278		起始日期	
3	1/2	326		天数	
4	1/3	170			
5	1/4	385			
6	1/5	222			
7	1/6	118			
8	1/7	242			
9	1/8	185			
10	1/9	376			
11	1/10	230			
12	1/11	253			
13	1/12	101			
14	1/13	116			
15	1/14	203			
16	1/15	140			
17	1/16	345			

以从数据源表中提取出指定日期开始的指定天数的数据区域为例，将“起始日期”和“天数”均添加在表中。

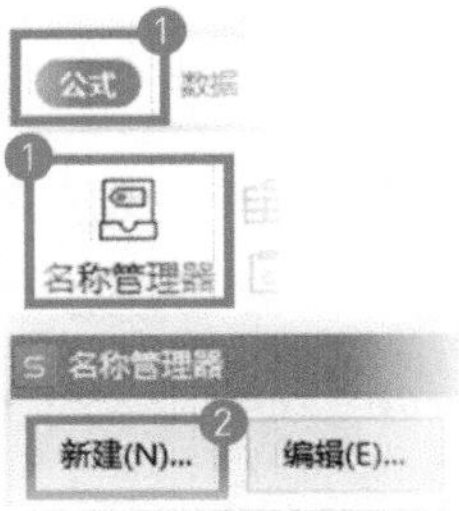

❶ 单击“公式”选项卡中的“名称管理器”按钮，弹出对话框。

❷ 在“名称管理器”对话框中单击“新建”按钮。

❸ 在“新建名称”对话框中设置“名称”为“日期”。

名称要设置一个便于识别的，之后想要引用区域，直接输入该名称即可。

❹ 在“引用位置”编辑一个 OFFSET 公式：

=OFFSET(sheet3!$A$1,MATCH(sheet3!$E$2,sheet3!$A:$A,0)-1,,sheet3!$E$3,1)。

解释说明：

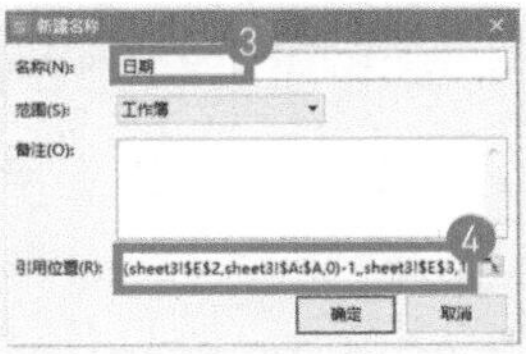

- 使用 *MATCH* 函数找出 *E2* 单元格的起始日期在 *A* 列中的位置。
- 用 *OFFSET* 函数引用的区域——以 *A1* 为参照点，向下偏移 *MATCH* 查询到的行数减 *1*，向右不偏移，引用一个行高为 *E3* 天数的值、列宽为“*1*”的区域。

（后续步骤见下页）

这样就把需要引用的日期列数据定义为"日期"名称。

❺ 重复步骤 ❶ ~ ❹，再把需要引用的销量列数据定义为"销量"名称，引用位置公式如下：

=OFFSET(sheet3!$B$1,MATCH(sheet3!$E$2,sheet3!$A:$A,0)−1,,sheet3!$E$3,1)。

说明："sheet3"是当前工作表名称，"sheet3!"表示"sheet3 表的"单元格或区域。

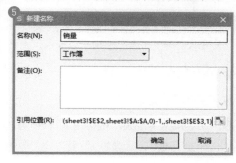

如何使用定义好的名称呢？

方法一：

编辑公式时，当要引用某个名称的区域，可在"公式"选项卡中单击"粘贴"按钮，在"粘贴名称"对话框中选择名称插入即可。

方法二：

编辑公式时，直接在公式中输入定义好的名称即可。

定义名称通过 OFFSET 函数与 E2、E3 单元格产生连接，当 E2、E3 单元格的值发生变动，定义名称的引用区域也会改变，从而构建一个动态数据源。

	A	B	C	D	E	F	G	H
1	日期	销量		辅助项目	数值		日期	销量
2	1/1	278		起始日期	1/13		=日期	116
3	1/2	326		天数	7			1/14	203
4	1/3	170					1/15	140
5	1/4	385					1/16	345
6	1/5	222					1/17	211
7	1/6	118					1/18	201
8	1/7	242					1/19	283
9	1/8	185						
10	1/9	376						
11	1/10	230						

控件需从"开发工具"选项卡中插入，先把"开发工具"选项卡调出来。

❶ 单击"文件"菜单，单击"选项"命令。

❷ 在弹出的"选项"对话框中单击"自定义功能区"选项卡。

❸ 在"自定义功能区"选项卡列表中勾选
   "开发工具（工具选项）"复选框，单击
   "确定"按钮。

接下来先插入一个控件，看看控件控制的到底
是什么。

❶ 在"开发工具"选项卡中单击选择一个控件
   类型，比如"列表框"，当指针变成 "+"
   时，按住鼠标拖曳，就可以拖出一个列表框。

❷ 在列表框上单击鼠标右键，打开右键菜
   单，单击"属性"命令，会弹出"属性"
   对话框。

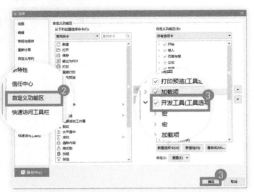

（后续步骤见下页）

❸ 在"属性"对话框中设置两个参数。

LinkedCell：控件链接的单元格 *A10*。

ListFillRange：列表框中选项的数据来源 *A2:A7*。

使用控件切换数据引用位置的关键就在于"*LinkedCell*"所链接的单元格。

❹ 参数设置完成，在"开发工具"选项卡下方功能面板中单击"退出设计"按钮，控件即插入完成。

此时单击列表框中的选项，*A10* 单元格中的数据会随之发生改变；反之，修改 *A10* 单元格的值也会影响列表框控件的选项，是双向控制。

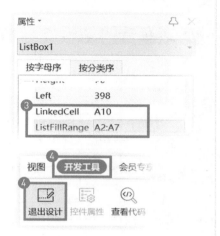

最后，只需根据控件链接的单元格 A10 来查询数据，就可以做出一个根据控件选项自动切换的数据区域。

B10 单元格公式：=VLOOKUP($A$10,$A$2:$G$7,COLUMN(),0)，将公式向右填充，即可查询到整行数据。

VLOOKUP 函数第 1、2 个参数绝对引用，公式向右填充时，引用区域始终不动；第 3 个参数使用 *COLUMN* 函数来获取当前单元格的列号，即返回值在第 2 参数区域中的列号。

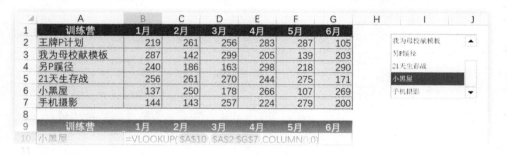

查询函数公式写法不唯一，除了使用 *VLOOKUP* 函数，也可以使用 *INDEX+MATCH* 组合函数。

写法1：=INDEX($A$2:$G$7,MATCH($A$10,$A$2:$A$7,0),COLUMN())。

写法2：=INDEX($B$2:$G$7,MATCH($A$10,$A$2:$A$7,0),MATCH(B$9,$B$1:$G$1,0))。

最后，为了提高操作效率，这里为大家列一下 WPS 表格中常用的快捷键。

	快捷键	作用
工作簿操作	Ctrl+O	打开工作簿
	Ctrl+N	新建工作簿
	Ctrl+S	保存工作簿
	Ctrl+W	关闭工作簿
	Shift+F11	插入新工作表
单元格操作	Ctrl+C	复制
	Ctrl+V	粘贴
	Ctrl+X	剪切
	Ctrl+Z	撤销
	Ctrl+Y	重做
单元格输入	Enter	选定区域中向下移动
	Tab	选定区域中向右移动
	Shift+Enter	选定区域中向上移动
	Shift+Tab	选定区域中向左移动
	Alt+Enter	在单元格内强制换行
	Ctrl+Enter	在多个单元格中键入相同数据
	Ctrl+;	键入当前日期
	Ctrl+Shift+;	键入当前时间
	Ctrl+D	向下填充选中区域
	Ctrl+R	向右填充选中区域
	Ctrl+K	插入超链接
	Ctrl+F	查找
	Ctrl+H	替换
	F5/Ctrl+G	定位
工作表内移动	方向键（↑ ↓ ←→）	上下左右移动
	Ctrl+ ↑ / ↓ / ← / →	移动到当前数据区域的上 / 下 / 左 / 右边缘
	Ctrl+Home	移动到工作表的第一个单元格
	Ctrl+End	移动到工作表最后一个使用的单元格
选定单元格	Ctrl+A	全选活动单元格的连续数据区域
	Ctrl+ 鼠标选中	多选不连续的多个数据区域
	Shift+ 鼠标点选	选择连续的数据区域
	Ctrl+Shift+ ↑ / ↓ / ← / →	选择到当前数据区域的上 / 下 / 左 / 右边缘
	Shift+ ↑ / ↓ / ← / →	将当前选定区域扩展（或缩小）到相邻行列
	Ctrl+Shift+End	选择到工作表最后一个使用的单元格（右下角）
公式输入	F4	切换单元格引用方式
	Alt+=	快速求和

第3篇 ≫≫
WPS演示

NO.250

修改幻灯片画布比例

扫码看视频 >>

幻灯片演示时，如果不注意页面比例，播放时经常出现难看的黑边，只有当幻灯片比例与投影仪分辨率比例一致时，才可以铺满屏幕，那么如何修改画布比例？

场景一：常用画布比例修改

❶ 单击"设计"选项卡。

❷ 单击"幻灯片大小"下拉按钮。

❸ 在下拉菜单中选择要修改的画布比例。

❹ 弹出对话框后，选择页面缩放样式。

"最大化"是通过最大化显示内容，填充到新指定的页面中，可能无法显示所有内容。

"确保合适"是通过按比例缩小内容，适应到新指定的页面比例，可能产生白边。

场景二：特殊画布比例修改

❶ 单击"设计"选项卡。

❷ 单击"幻灯片大小"下拉按钮。

❸ 在下拉菜单中单击"自定义大小"命令。

❹ 修改宽度与高度，自由设置尺寸。

如果屏幕比例是 2:1，可以设置宽高分别为 100 厘米、50 厘米，尺寸越大，投影画面越清晰，但文件也会越大。

❺ 修改幻灯片的方向。

做竖版的海报时需要把画布变成纵向，根据具体的需求来选择。

❻ 修改后，单击"确定"按钮。

NO.251

设置主题字体

扫码看视频 >>

新建幻灯片时默认的占位符字体为微软雅黑，但公司要求使用思源黑体，每次都需要修改一次就特别麻烦，有没有办法一次性设置好？

❶ 单击"设计"选项卡。

❷ 单击"演示工具"下拉按钮。

❸ 在下拉菜单中单击"自定义母版字体"命令，弹出"自定义母版字体"对话框。

❹ 在对话框中单击"内容页标题"，根据需要在下方"设置文本格式"栏中设置字体、字号、颜色、加粗、倾斜、下划线和行间距。

❺ 单击"正文和文本框"，在下方"设置文本格式"栏设置字体、字号、颜色、加粗、倾斜、下划线和行间距。

本案例将标题字体设置为"思源黑体 CN Bold"，正文字体设置为"思源黑体 CN Regular"。

❻ 单击"应用"按钮，即可应用。

设置好后，幻灯片中所有文字占位符就会被替换为已经设置的母版字体。

NO.252

设置主题颜色

扫码看视频 >>

每次插入形状或图表时都是系统默认的颜色，不符合自己的要求，每次都得一遍遍修改颜色，有没有办法一次性设置好？

❶ 单击"设计"选项卡。

❷ 单击"配色方案"下拉按钮。

❸ 在下拉面板中选择自己喜欢的颜色搭配。

　配色方案可以按照"色系""颜色""风格"进一步筛选，单击"更多"可以展开更多颜色选项。

❹ 单击一款搭配即可应用至整套幻灯片。

　本案例以"高级蓝灰"为例。

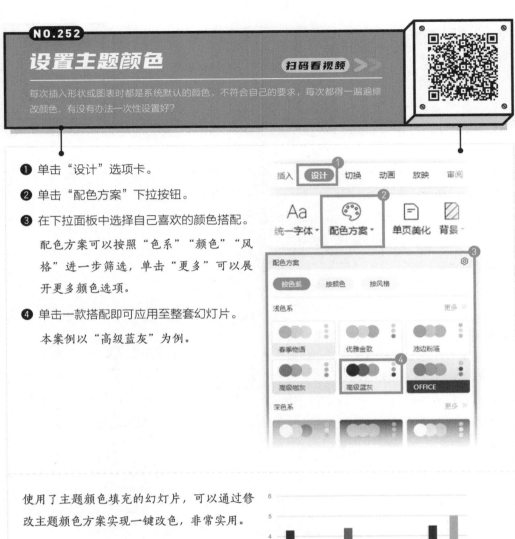

使用了主题颜色填充的幻灯片，可以通过修改主题颜色方案实现一键改色，非常实用。

NO.253

添加对齐参考线

扫码看视频 >>

每次要进行幻灯片中的元素对齐时，只能凭眼睛观看是否对齐，经常不精准，怎么办？
如何确定元素是否真正对齐了？

❶ 单击"视图"选项卡。

❷ 单击"网格和参考线"按钮。

❸ 在"网格线和参考线"对话框中勾选
"屏幕上显示绘图参考线"复选框。

❹ 单击"确定"按钮，即可出现参考线。

通过以上操作能在幻灯片中显示参考线。
按住【Ctrl】键拖动参考线可新增参考线。

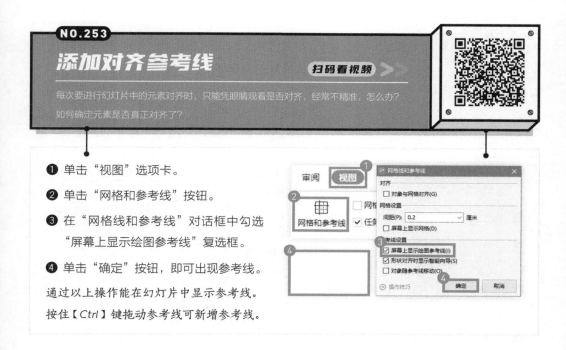

NO.254

添加画布定位钉子

扫码看视频 >>

用鼠标滚轮上下滚动查看幻灯片边缘元素的时候，经常会容易切换页面，即便小心翼
翼地滚动鼠标，还是会突然切换页面，有没有什么方法解决这个问题？

❶ 单击"视图"选项卡。

❷ 单击"幻灯片母版"按钮，进入母版
视图。

❸ 单击左侧导航窗格中的第一页母版。

❹ 按【Ctrl】键 + 鼠标滚轮缩小画布，
在画布四周任意放上几个形状。

添加完画布钉子后，回到普通视图，就不
需要担心不小心切换页面了。

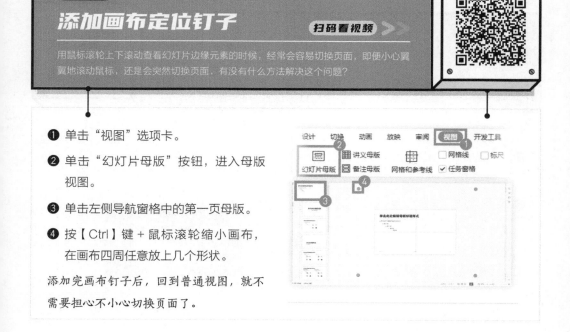

NO.255

幻灯片分组排列

扫码看视频 >>

一份演示文稿通常由多个内容章节组成，如何才能对不同的内容进行分类，清晰知道每一部分所讲的内容？

❶ 在导航窗格中，在要分组的幻灯片上方单击鼠标右键，打开右键菜单。

❷ 单击"新增节"命令，则会新增一节。

❸ 右键单击"无标题节"，在右键菜单中单击"重命名节"命令。

❹ 在对话框中的"名称"框中输入节名，本案例以"第一章节"名称为例。

❺ 完成命名后，单击"重命名"按钮。

NO.256

隐藏不需要的幻灯片

扫码看视频 >>

做了很多页幻灯片，但放映时有些暂时用不到，又不能删了它，有没有折中的解决方案？

❶ 选中幻灯片，单击鼠标右键，打开右键菜单。

❷ 单击"隐藏幻灯片"命令。

隐藏的幻灯片放映时不会出现，若想让隐藏的幻灯片重新显示，只需再次单击"隐藏幻灯片"即可。

NO.257

幻灯片演讲者视图模式

扫码看视频 >>

公司领导要求明天准备一个分享会，用幻灯片展示一下工作成果，幻灯片好办，但是明天就要用，时间紧急，演讲稿背不下来怎么办？

❶ 在窗口底部状态栏中单击"备注"按钮，然后在备注框中添加备注文字。

❷ 单击"放映"选项卡，勾选"显示演讲者视图"复选框，按快捷键【Shift+F5】即可放映。

如果发现按了没反应，需要按快捷键【Win+P】，选择"扩展"模式，只有在这个模式下才能显示演讲者视图。

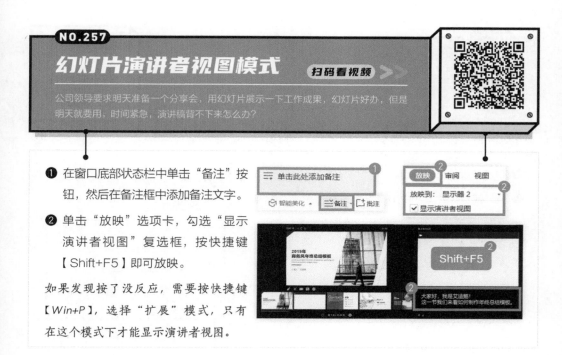

NO.258

设置幻灯片为空白画布

扫码看视频 >>

新建的幻灯片总是存在默认版式，如"单击此处编辑标题或副标题"影响制作，一个个删除又很麻烦！有没有简单快捷的去除方法？

❶ 单击"开始"选项卡。

❷ 单击"版式"下拉按钮。

❸ 在下拉面板中单击"空白"版式命令。

这样新建幻灯片时就不会出现默认版式了。

NO.259

应用模板快速美化

扫码看视频 >>

领导要求下班前把文字材料做成一份演示文稿，好不容易把内容放到幻灯片中，但是白底黑字的幻灯片不好交差，能不能快速给演示文稿套个模板？

❶ 单击"设计"选项卡。

❷ 在"模板样式库"中选择喜欢的模板。

　WPS演示的设计模板能够一键将白底黑字的幻灯片更换设计样式，单击"更多设计"按钮能找到更多模板。

❸ 单击即可应用至演示文稿。

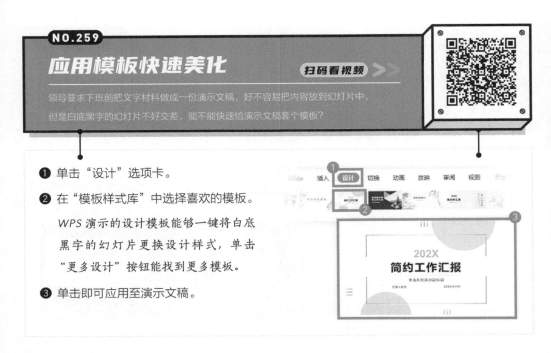

NO.260

批量添加页码

扫码看视频 >>

领导要求给每页幻灯片添加页码，一个个输入，可是有上百页啊！有没有更加省时省力的方法？

❶ 单击"插入"选项卡。

❷ 单击"幻灯片编号"按钮。

❸ 在"页眉和页脚"对话框中勾选"幻灯片编号"复选框。

❹ 单击"全部应用"按钮。

通过上述操作就可以批量添加页码了，如果要编辑页码的字体、大小等参数，需要在幻灯片母版中进行调整。

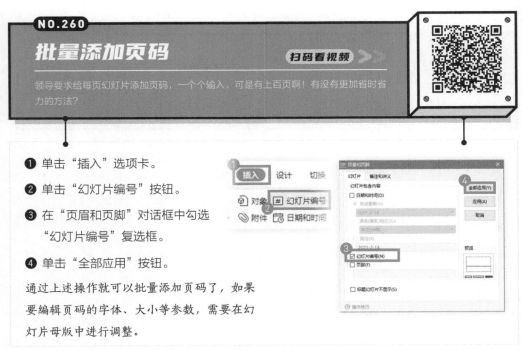

NO.261

批量更改背景颜色

扫码看视频 >>

给幻灯片修改背景颜色时，很多人都是先插入一个矩形，然后修改颜色再置于底层，操作特别麻烦，而且容易误触到其他元素，有没有更简单快捷的方法？

❶ 在幻灯片空白处单击鼠标右键，打开右键菜单，单击"设置背景格式"命令。

❷ 在右侧的"对象属性"任务窗格中，单击"填充"–"纯色填充"选项。

❸ 单击"颜色"按钮，在展开的下拉面板中修改背景的颜色。

❹ 单击"全部应用"按钮。

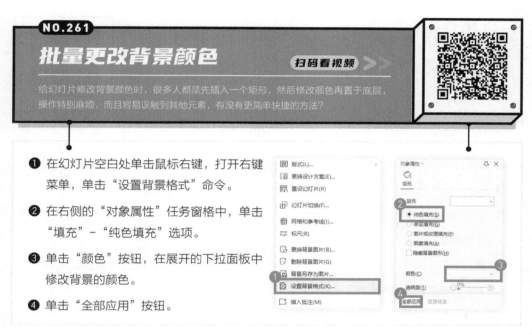

NO.262

快速选中特定元素

扫码看视频 >>

当幻灯片元素较多时，经常会选不到底层的元素，移动其他元素选择又需要重新调整，特别的麻烦，有没有更快速精准的选择方式？

❶ 单击"开始"选项卡。

❷ 单击"选择"下拉按钮。

❸ 在下拉菜单中单击"选择窗格"命令。

❹ 在"选择窗格"找到想选的元素。

"选择窗格"右侧的"眼睛"图标表示元素显示，想要隐藏特定元素，可以单击该图标。

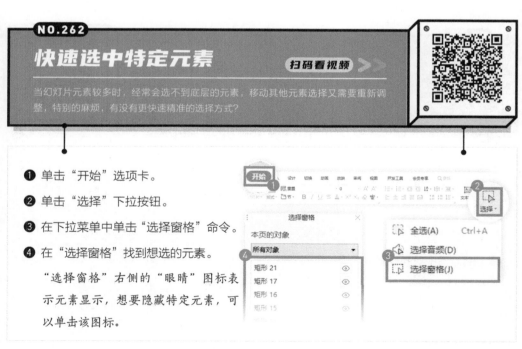

NO.263

调整元素上下层顺序

扫码看视频 >>

新插入的元素都会默认在最顶层，单击不到下面的元素，怎么办？如何调整元素之间的上下层级顺序？

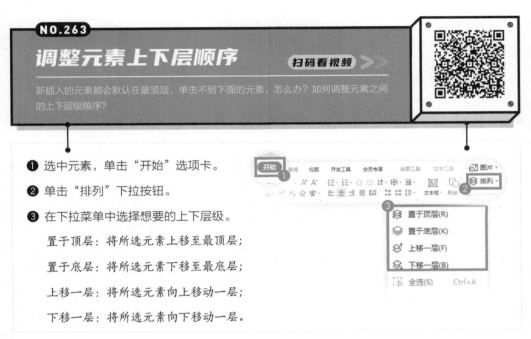

❶ 选中元素，单击"开始"选项卡。

❷ 单击"排列"下拉按钮。

❸ 在下拉菜单中选择想要的上下层级。

　置于顶层：将所选元素上移至最顶层；

　置于底层：将所选元素下移至最底层；

　上移一层：将所选元素向上移动一层；

　下移一层：将所选元素向下移动一层。

NO.264

调整多个元素快速对齐

扫码看视频 >>

在做幻灯片时候经常要求元素之间要对齐，但是很多人都是手动对齐，速度慢，而且又对不齐，有没有更快更准的对齐方式？

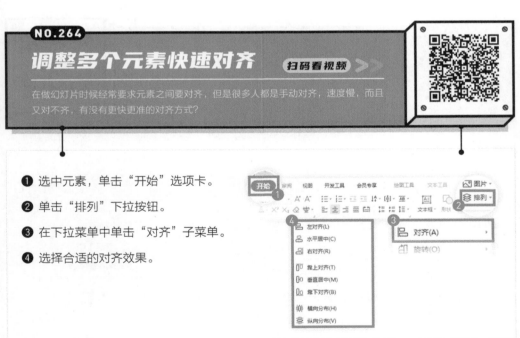

❶ 选中元素，单击"开始"选项卡。

❷ 单击"排列"下拉按钮。

❸ 在下拉菜单中单击"对齐"子菜单。

❹ 选择合适的对齐效果。

NO.265

精确调整元素旋转角度

扫码看视频 》》

想把元素调转一个方向或旋转一个特定的角度，手动调整经常有偏差，有没有什么方法能够精准地调整元素的角度？

❶ 选中元素，单击"开始"选项卡。

❷ 单击"排列"下拉按钮。

❸ 在下拉菜单中单击"旋转"命令。

❹ 在弹出的子菜单中选择合适的旋转方式。

　系统自带四种常用的旋转方式。

此外，还可以直接操作对象进行旋转。按住【Shift】键用鼠标拖动对象的旋转控制点，即可以15°为单位进行旋转。

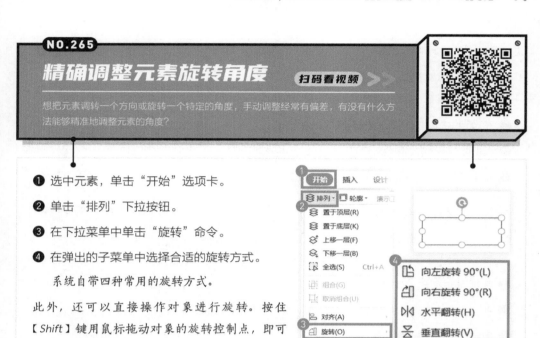

NO.266

为幻灯片添加超链接

扫码看视频 》》

在幻灯片演示过程中，当我们需要跳转到某一个指定的页面、打开某个网页或其他文件时，通常都会使用超链接，那么如何插入超链接？

场景一：跳转到原有文件

❶ 选中元素，单击鼠标右键打开右键菜单，单击"超链接"命令，弹出对话框。

❷ 在对话框中单击"原有文件或网页"命令。

❸ 在右侧界面找到并选中需要跳转的文件。

❹ 单击"确定"按钮即可完成。

（后续步骤见下页）

场景二：跳转到网页地址

❶ 选中元素，单击鼠标右键打开右键菜单，单击"超链接"命令，弹出对话框。

❷ 在对话框中单击"原有文件或网页"命令。

❸ 在地址文本框输入想要跳转的网页地址。

❹ 单击"确定"按钮即可完成。

场景三：跳转到本幻灯片某一页

❶ 选中元素，单击鼠标右键打开右键菜单，单击"超链接"命令，弹出对话框。

❷ 在对话框中单击"本文档中的位置"命令。

❸ 在右侧列表选择要跳转的幻灯片页面。

❹ 单击"确定"按钮即可完成。

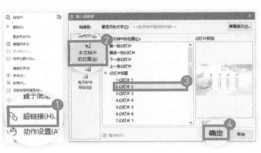

NO.267

去除超链接的下划线

扫码看视频 >>

每次插入超链接时，最头疼的问题就是文字底部带有下划线，如何去掉超链接的下划线呢？

❶ 选中添加了超链接的文字，单击鼠标右键。

❷ 在右键菜单中的"超链接"子菜单中单击"超链接颜色"命令。

❸ 在弹出的"超链接颜色"对话框中，单击"链接无下划线"单选按钮。

❹ 单击"应用到全部"按钮，即可将整个演示文档中的链接下划线去除。

NO.268

直接在幻灯片中截图

扫码看视频 ≫≫

出差临时办公做幻灯片时，没有网络无法使用QQ或微信等截图工具，怎么办？
其实WPS演示中也有截图功能！

❶ 单击"插入"选项卡。

❷ 单击"更多"下拉按钮。

❸ 在下拉菜单中单击"截屏"子菜单。

❹ 选择合适的截图方式。

选择截图方式后，框选相应的区域即可实现
截图，并放置到幻灯片中。

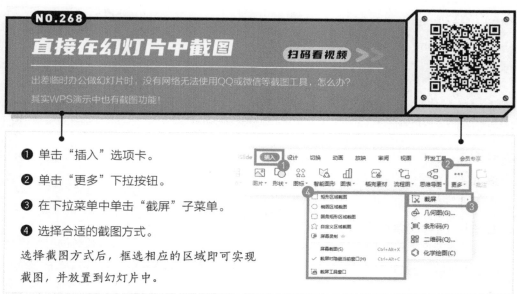

NO.269

批量导入图片

扫码看视频 ≫≫

领导说要给公司做一个每页一张照片的宣传相册，可是足足有几百张照片啊！一张张
插入实在太麻烦了！有没有省时省力的方法？

❶ 单击"插入"选项卡。

❷ 单击"图片"下拉按钮。

❸ 在下拉面板中单击"分页插图"命令。

❹ 在弹出的对话框中选中所需的图片。

❺ 单击"打开"按钮，即可导入图片。

NO.270

将幻灯片导出为图片

扫码看视频 >>

如果想要把幻灯片文件导成一张张的图片，很多人都是使用截图工具一张张截图，不仅效率特别低，而且清晰度也不高，那么，如何将幻灯片批量转成图片？

❶ 单击"文件"菜单。

❷ 单击"另存为"子菜单中的"其他格式"命令。

❸ 在弹出的"另存文件"对话框中，将文件类型改为"PNG 可移植网络图形格式"选项。

❹ 单击"保存"按钮。

❺ 在弹出的对话框中选择保存的幻灯片范围即可。

  本案例以导出"每张幻灯片"为例。

通过这样的步骤，就可以把幻灯片的所有页面自动存为一张张图片并打包在一个文件夹中。

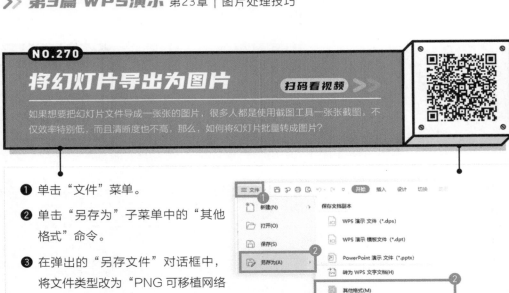

  另外，也可以在"文件"下拉菜单中单击"输出为图片"命令，在弹出的对话框中可以设置输出方式、水印、输出格式、尺寸、颜色等。部分功能为 WPS 会员专用。

批量提取幻灯片中的图片 扫码看视频 >>

一份演示文稿中有很多需要在其他地方使用的图片，一张张另存为太麻烦了！有没有省时省力的方法，提取演示文稿文件中的这些图片呢？

❶ 选中文件，按快捷键【F2】重命名文件，把 WPS 演示文件后缀名改为".rar"。

直接修改文件后缀名会导致原始文件不可用，若要保留，请先备份。

若文件不显示后缀名，可单击"我的电脑"-"查看"并勾选"文件扩展名"。

❷ 单击鼠标右键，在右键菜单中单击"解压到当前文件夹"命令。

❸ 解压后双击命名为"ppt"的文件夹。

❹ 再双击命名为"media"的文件夹。

通过这样的步骤，演示文稿里面所有的图片就会被批量提取出来！

在 WPS 中还有一个更快捷的方法。

❶ 选中文件中任意一张图片，单击"图片工具"选项卡下的"批量处理"下拉按钮。

❷ 在下拉菜单中单击"批量删除 / 导出"命令。

❸ 在弹出的对话框中选择需要导出的图片，单击"导出"按钮即可。

NO.272

等比例放大或缩小图片

扫码看视频 >>

处理图片时，经常要放大或缩小图片，但每次都会导致图片变形，显得特别不专业，那么，如何才能等比例处理图片而不变形？

方法一：等比例调整图片

选中图片，按住【Shift】键不放，用鼠标拖动图片四个角的任意一个控点。

方法二：等比例中心缩放调整图片

选中图片，按住【Ctrl+Shift】键不放，用鼠标拖动图片四个角的任意一个控点。

NO.273

一键更改图片

扫码看视频 >>

从网上下载了演示文稿模板想套用，文字简单复制粘贴就可以了，但是图片不好改，有没有简单快捷的方法一键借用现有的图片版式？

❶ 选中图片，单击鼠标右键，打开右键菜单，单击"更改图片"命令。

❷ 选择本地图片或系统推荐的图片，找到替换的图片单击即可。

NO.274

删除图片背景

扫码看视频 >>

插入的图片通常带有背景，大大限制了排版时的发挥空间，如何才能将图片背景删除？

方法一：设置透明色

❶ 选中图片，单击"图片工具"选项卡。

❷ 单击"抠除背景"下拉按钮。

❸ 在下拉菜单中单击"设置透明色"命令。

❹ 当鼠标指针变成吸管形状时，单击背景即可去除背景。

设置透明色适合去除纯色背景。

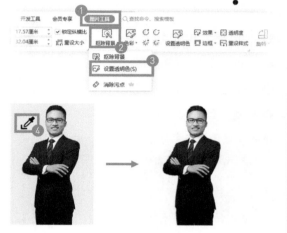

方法二：智能抠图

❶ 选中图片，单击"图片工具"选项卡。

❷ 单击"抠除背景"下拉按钮。

❸ 在下拉菜单中单击"抠除背景"命令。

智能抠图功能较为强大，可以自动识别背景，左侧为原图效果，右侧为抠图后的效果，但是必须是 VIP 用户才能享有此功能。

❹ 单击"完成抠图"按钮。

NO.275
裁剪图片尺寸

扫码看视频 >>

因为幻灯片画布默认是横版的，竖版图片放在幻灯片中后，就留下大量空白。如何才能让图片展示更为协调？

方法一：自由裁剪

❶ 选中图片，单击"图片工具"选项卡。

❷ 单击"裁剪"下拉按钮。

❸ 在下拉菜单中单击"裁剪"命令。

❹ 移动黑框调整裁剪区域。

单击裁剪区外任意位置应用裁剪，最终图片只会保留黑框内的物体。

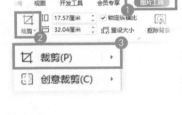

方法二：按形状裁剪

本案例以裁剪为"平行四边形"为例。

❶ 选中图片，单击"图片工具"选项卡。

❷ 单击"裁剪"下拉按钮。

❸ 在下拉菜单中单击"裁剪"子菜单。

❹ 在右侧菜单中单击"按形状裁剪"命令。

❺ 单击基础形状中的"平行四边形"命令。

除了平行四边形，还可以将图片裁剪为五边形、六边形等任意形状

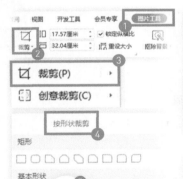

还有哪些让幻灯片创意满满的技巧？
关注微信公众号【老秦】(ID：laoqinppt)；
回复关键词"创意"，即可阅读"另 P 蹊径"系列教程，
学习更多让人尖叫的幻灯片创意玩法！

通常人物的照片都是半身照或全身照，如果放在幻灯片里面就会显得比较小，如果想让观众的注意力聚焦在上半身的区域，可以将图片裁剪为圆形，下面来看一下具体的操作。

张伟崇 / WEI CHONG

· 艾迪鹅培训总监
· 500强企业培训师
· 《WPS办公应用技巧宝典》作者
· 国内顶尖发布会御用设计师

❶ 选中图片，单击"图片工具"选项卡。

❷ 单击"裁剪"下拉按钮。

❸ 在下拉菜单中单击"裁剪"子菜单。

❹ 单击"按比例裁剪"–"1:1"命令。

  得到 1:1 的选区后，调整图片显示的区域后再单击比例裁剪为"1:1"。

❺ 再单击"按形状裁剪"–"椭圆"命令。

通过这样的步骤，就能够将矩形的图片裁剪为圆形了。

张伟崇 / WEI CHONG

· 艾迪鹅培训总监
· 500强企业培训师
· 《WPS办公应用技巧宝典》作者
· 国内顶尖发布会御用设计师

NO.277

将图片裁剪为创意图形

扫码看视频 >>

在WPS演示中使用图片裁剪功能，不仅可以裁剪为固定的比例或形状，软件还内置了很多创意、有趣的裁剪效果供我们选择。

❶ 选中图片，单击"图片工具"选项卡。

❷ 单击"裁剪"下拉按钮。

❸ 在下拉菜单中单击"创意裁剪"命令。

❹ 在其子面板中按需选择对应的图形效果进行应用。

　　未标注为"免费"的，需要稻壳会员才可使用。

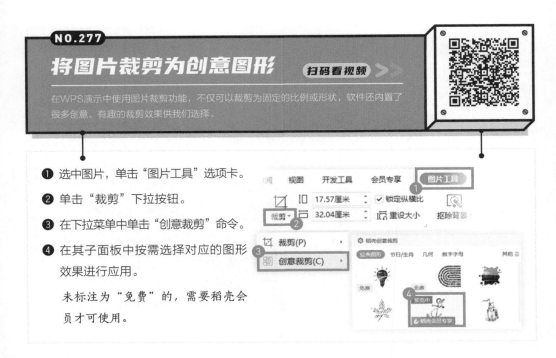

NO.278

压缩图片大小

扫码看视频 >>

幻灯片中经常要插入大量的图片素材，但每次做完发现文件特别大，不方便文件的传输或播放时容易出现卡顿，能不能在保证清晰度的同时压缩图片大小？

❶ 选中图片，单击"图片工具"选项卡。

❷ 单击"压缩图片"按钮。

❸ 在对话框中勾选"指定分辨率"复选框。

❹ 选择"网页/屏幕（150dpi）"选项。

　　"网页/屏幕"格式适合网上传播或投影使用，既能看清图片又能压缩文件大小。

❺ 单击"压缩"按钮，即可完成压缩。

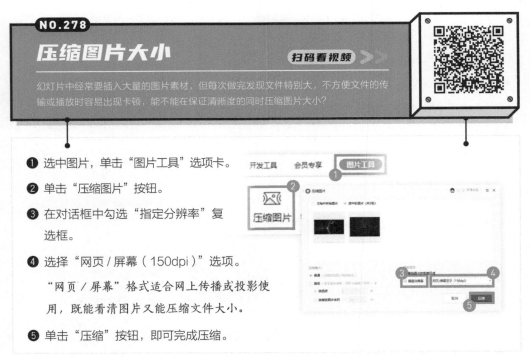

NO.279

为图片添加阴影效果

扫码看视频 >>

展示多张图片时，把图片直接叠放在一起，显得很平淡，缺乏层次感，怎么办？
如何增加图片叠放的层次感？

有光的地方就有影子，在做幻灯片时也要遵从现实、客观的原则，比如右边图片叠加缺乏阴影效果，整个页面显得缺乏层次感，解决方案就是给图片添加阴影效果，具体操作如下。

❶ 选中图片，单击鼠标右键打开右键菜单，单击"设置对象格式"命令，弹出"对象属性"窗格。

❷ 单击"效果"选项卡中的"阴影"命令。

❸ 在预设中选择"外部-居中偏移"命令。

❹ 再调整具体的阴影参数。

　右图阴影参数仅供参考。

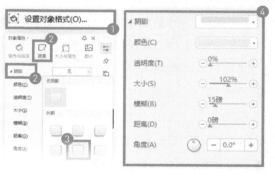

添加阴影效果后，能让图片叠放处的层次感更加明显。

NO.280

为图片添加发光效果

扫码看视频 >>

图片展示时，有时候需要模拟发光的效果，来诠释主题的含义，如何让图片模拟发光效果呢？

在深色底的幻灯片当中，想要模拟发光的效果，烘托氛围，在WPS演示中就可以实现，具体操作如下。

❶ 选中图片，单击鼠标右键打开右键菜单，单击"设置对象格式"命令，弹出"对象属性"窗格。

❷ 单击"效果"选项卡中的"发光"命令。

❸ 单击"预设"选择发光的样式。

❹ 修改发光的大小、颜色与透明度。

右图发光参数仅供参考。

模拟了图片发光的效果之后，是不是更加贴合主题的要求了？

NO.281

快速完成多张图片拼图

扫码看视频 ≫≫

在WPS演示中做多张图片的展示，没有排版基础，更不知道该怎样才能排出好看的效果，别怕，其实WPS的图片工具中就自带实用的拼图效果。

❶ 选中图片，单击"图片工具"
　选项卡。

❷ 单击"图片拼接"下拉按钮。

❸ 在下拉面板中按照需要选择对
　应的拼图样式进行应用。

　未标注"免费"字样，则需要
　是稻壳会员才可使用。

NO.282

快速制作多图轮播动画

扫码看视频 ≫≫

幻灯片中经常要做大量图片的展示，如何尽可能地减少页数，而增加每页可呈现的图片数量呢？我们经常可以看到那种动态换图的动画，其实在WPS中能轻松搞定。

❶ 选中图片，单击"图片工具"选
　项卡。

❷ 单击"多图轮播"下拉按钮。

❸ 在下拉面板中按照需要选择合适
　的轮播动画效果应用即可。

普通模式下图片呈现的是静态的，但
是在放映模式下以动画形式呈现，单
击鼠标即可完成图片之间的切换。

NO.283

批量添加Logo

扫码看视频 >>

领导要求给幻灯片加Logo，上百页的幻灯片如果是一页页复制粘贴得弄到什么时候！
有没有更省时省力的方法？其实Logo可以批量添加或删除！

❶ 单击"视图"选项卡。

❷ 单击"幻灯片母版"按钮，进入
幻灯片母版视图。

❸ 将 Logo 复制到"母版"中的指
定位置。

❹ 单击"关闭"按钮，回到普通视图。

通过这样的步骤，即便你的幻灯片有
上百页，都能够很方便地添加或删除
Logo！

NO.284

Logo取颜色

扫码看视频 >>

公司规定幻灯片必须以自家公司Logo的颜色为主色，如何才能快速吸取Logo颜色？

通常我们从网上下载的模板未必跟公司 Logo 色调一致，比如右图模板的色调是蓝色调，但公司的 Logo 主色调是红色，因此为了让模板的颜色跟 Logo 的颜色保持统一，可以从 Logo 上吸取颜色作为主色，具体操作如下。

❶ 选中形状，单击"绘图工具"选项卡。

❷ 单击"填充"下拉按钮。

❸ 在下拉面板中单击"取色器"命令。

❹ 当指针变成吸管形状时将其移动到 Logo 上，单击鼠标即可完成取色。

工作中最常见的配色方案就是自家 Logo 色，有取色器就能快速取色了！

图文排版是困扰很多人的难题，如右图所示，既有图片又有文字，如果是没有排版经验的人，面对这页幻灯片可能无从下手，然而只要用好一键美化功能，就能轻松搞定排版，具体操作如下。

❶ 单击幻灯片底部状态栏上的"一键美化"上拉按钮。

此时软件会自动识别当前幻灯片的内容，并联网匹配对应的排版效果。

❷ 在上拉面板中按需选择版式。

单击版式，系统会自动将预览的效果套用到幻灯片中。

如果对自动识别给出的结果不满意，还可以手动修改幻灯片的类型、排版的整体风格及图片的填充方式。

NO.286

绘制水平线条

扫码看视频 >>

每次绘制线条的时候总是歪歪斜斜的，如何绘制一条水平的直线？

❶ 单击"插入"选项卡。

❷ 单击"形状"下拉按钮。

❸ 在下拉面板中，单击线条模块中的"直线"命令。

❹ 按住【Shift】键，拖动鼠标绘制线条。

通过上述的步骤即可绘制出水平线条。

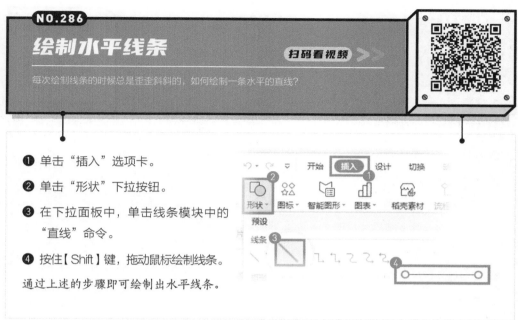

NO.287

绘制曲线

扫码看视频 >>

绘制时间轴时，经常需要插入一条线作为时间主轴，直线过于单调，曲线更有感觉。那么，如何才能绘制一条曲线？

❶ 单击"插入"选项卡。

❷ 单击"形状"下拉按钮。

❸ 在下拉面板中，单击线条模块中的"曲线"命令。

❹ 单击建立起始点，再次单击时，可以上下移动调整曲线的弯曲角度，终止绘制双击即可。

NO.288

更改线条的参数

扫码看视频 >>

默认插入的线条样式不符合自己的要求，如何修改线条的粗细、颜色、端点等参数？

❶ 绘制一根线条并选中线条。

❷ 单击鼠标右键打开右键菜单，单击
"设置对象格式"命令。

❸ 在"对象属性"窗格中找到"填充与
线条"选项卡，单击"线条"按钮。

❹ 在右侧面板中修改线条的具体参数。

线条颜色、透明度、宽度、类型、端
点，都可以在此处进行编辑。

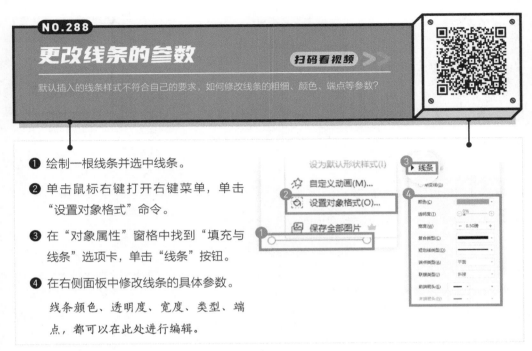

NO.289

设置默认线条

扫码看视频 >>

每次插入线条后都需要一个个调整线条的参数，但大部分情况下参数都是一样的。
有没有办法一次性设置好？

❶ 绘制一根线条并调整好线条的参数。

❷ 单击鼠标右键打开右键菜单，单击
"设为默认形状样式"命令。

设置完默认线条后，再插入线条时，会
默认使用调整后的线条样式。

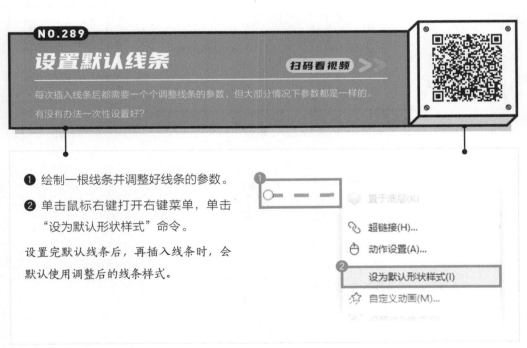

NO.290

绘制正多边形

扫码看视频 >>

想绘制一个正方形，但找遍形状菜单都没有找到正方形的形状选项。如何才能绘制出一个正方形？

❶ 单击"插入"选项卡。

❷ 单击"形状"下拉按钮。

❸ 在下拉面板中，单击"矩形"模块中的"矩形"命令。

❹ 按住快捷键【Shift】绘制形状，即可画出一个正方形。

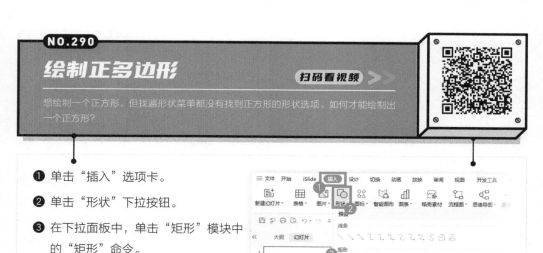

同理，选择其他形状，可以绘制出等边三角形、等腰三角形、正五边形等。

NO.291

修改形状颜色与透明度

扫码看视频 >>

幻灯片中有一个专业名词叫蒙版，蒙版其实就是形状修改半透明度后得到的效果，那么如何给形状设置为黑色半透明蒙版？

❶ 任意绘制一个形状并选中形状。

❷ 单击鼠标右键打开右键菜单，单击"设置对象格式"命令。

❸ 在"对象属性"窗格中，单击"填充"-"纯色填充"单选按钮。

❹ 颜色选择黑色。

❺ 修改透明度（参数仅供参考）。

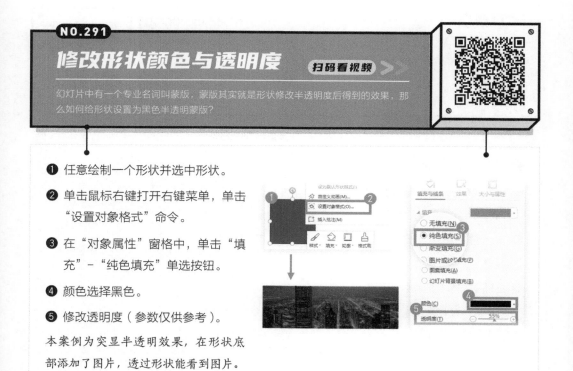

本案例为突显半透明效果，在形状底部添加了图片，透过形状能看到图片。

NO.292

为形状设置渐变填充效果 *扫码看视频* >>

渐变色在设计当中的运用层出不穷，过渡自然的渐变色，能让幻灯片变得更有质感。那么，如何设置形状的渐变？

❶ 任意绘制一个形状并选中形状。

❷ 单击鼠标右键打开右键菜单，单击"设置对象格式"命令。

❸ 在"对象属性"窗格中单击"填充"-"渐变填充"单选按钮。

❹ 修改渐变的角度、光圈、颜色等参数。

　本案例以"橙色与黄色渐变"为例。

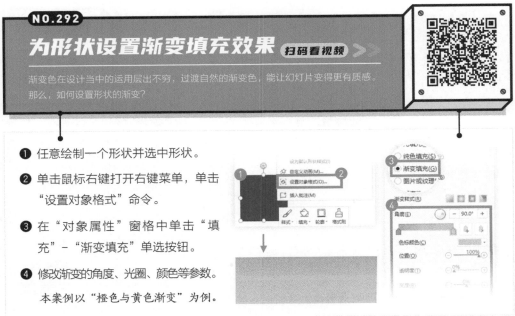

NO.293

为形状设置图案填充效果 *扫码看视频* >>

默认插入的形状样式不符合自己的要求，如何修改成丰富多样的图案填充呢？

❶ 任意绘制一个形状并选中形状。

❷ 单击鼠标右键打开右键菜单，单击"设置对象格式"命令。

❸ 在"对象属性"窗格中单击"填充"-"图案填充"单选按钮。

❹ 选择图案填充的类型与颜色。

　"前景"为前方图案显示的颜色；

　"背景"为背景显示的颜色。

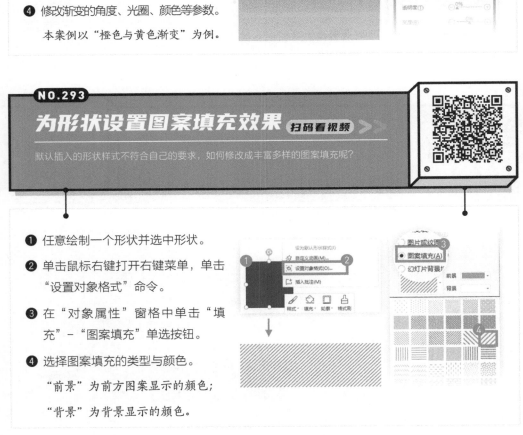

NO.294

设置为默认形状

扫码看视频 >>

每次插入形状后都需要一个个调整形状的参数，但大部分情况下参数都是一样的，有没有办法一次性设置好？

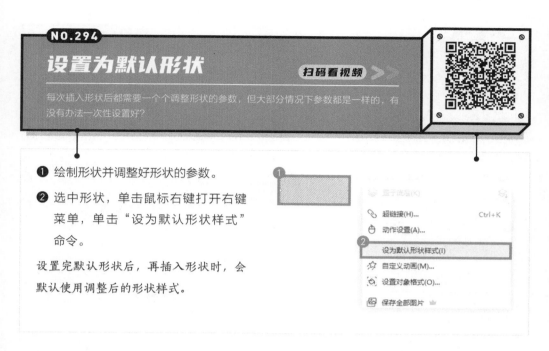

❶ 绘制形状并调整好形状的参数。

❷ 选中形状，单击鼠标右键打开右键菜单，单击"设为默认形状样式"命令。

设置完默认形状后，再插入形状时，会默认使用调整后的形状样式。

NO.295

编辑形状顶点

扫码看视频 >>

经常在网上看到一些演示达人用幻灯片绘制特殊的图案，这些图形在预设形状中都没有，那到底是通过什么方法实现的？

❶ 绘制一个基础形状，并选中形状。

❷ 在形状上单击鼠标右键，打开右键菜单，单击"编辑顶点"命令。

进入编辑顶点状态后，形状的每个角都会出现黑色的小方块，这就是形状的顶点。单击顶点会出现手柄，拖动手柄的控点可以任意调整形状的弧度。

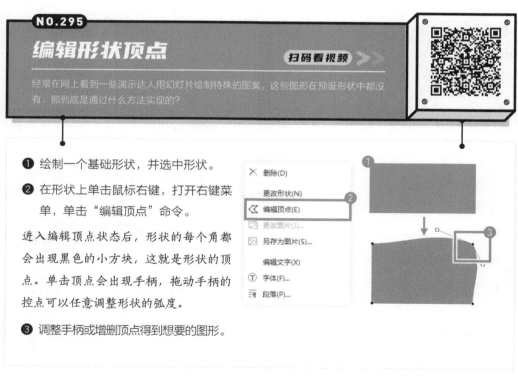

❸ 调整手柄或增删顶点得到想要的图形。

NO.296

快速更改形状类型

扫码看视频 >>

做幻灯片时，突然觉得前面插入的形状不合适，但是已经排好版了，重新插入形状又得编辑很多参数，能不能在现有基础上快速更改形状？

本案例以矩形更改为平行四边形为例。

❶ 绘制出一个矩形，并选中形状。

❷ 单击鼠标右键打开右键菜单，单击"更改形状"命令，弹出新面板。

❸ 在弹出面板中单击"平行四边形"命令。

通过以上步骤，即可快速更改形状类型。

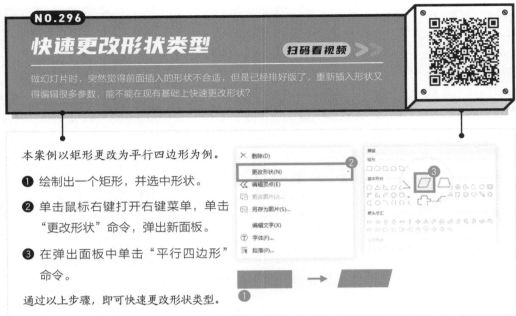

NO.297

对形状进行布尔运算

扫码看视频 >>

经常会在网上看到一些WPS演示预设中没有的特殊形状效果，如何借助WPS演示的功能来实现？

使用"合并形状"功能将形状进行布尔运算可以实现。本案例以两个圆形为例演示布尔运算。

❶ 选中圆形，单击"绘图工具"选项卡。

❷ 单击"合并形状"下拉按钮。

❸ 在下拉菜单中单击要执行的命令。

先选中的形状样式决定了最终的样式，本案例先选橙色圆形，后选灰色圆形。

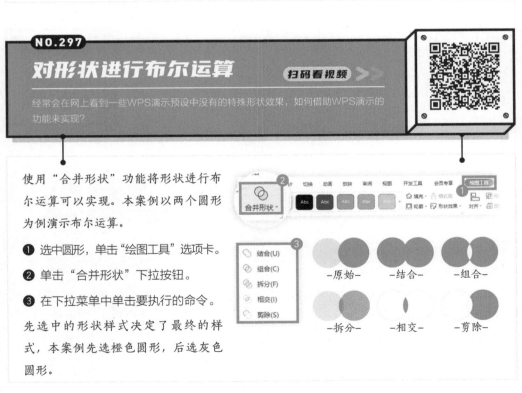

NO.298

插入竖排文本框

扫码看视频 >>

插入文本框时通常都是横排的，但是在做历史主题相关的幻灯片时文字经常是竖排的，如何插入竖排的文本框？

❶ 单击"插入"选项卡。

❷ 单击"文本框"下拉按钮。

❸ 在下拉菜单中单击"竖向文本框"命令。

❹ 单击画布任意位置绘制出竖向文本框。

单击文本框即可输入文字。

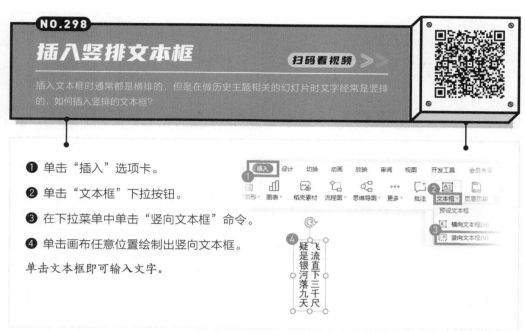

NO.299

横排框文本变竖排

扫码看视频 >>

刚开始插入的文本框是横排的，想改成竖排，重新插入竖排文本框再输入文字比较麻烦，有没有什么方法能够直接把横排文本框变成竖排？

❶ 选中横向文本框。

❷ 单击"文本工具"选项卡。

❸ 单击"文字方向"下拉按钮。

❹ 在下拉菜单中单击"竖排"命令。

❺ 即可得到竖排的文本效果。

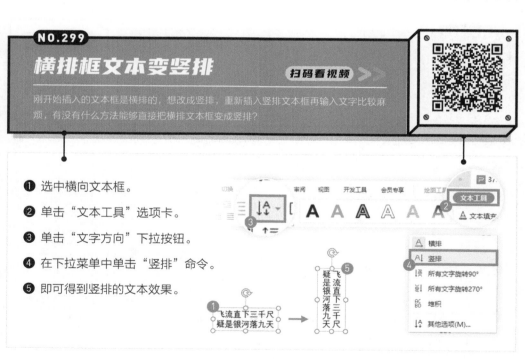

NO.300

一键替换字体

扫码看视频 >>

职场人做幻灯片经常需要修改字体，比如把幻灯片中的宋体改成微软雅黑，如果一个一个改得改到什么时候，有没有更简单的修改方法？

❶ 单击"开始"选项卡。

❷ 单击"替换"下拉按钮。

❸ 在下拉菜单中单击"替换字体"命令。

❹ 弹出对话框后，选择"替换"与"替换为"字体，再单击"替换"按钮。

"替换"处输入原使用字体；

"被替换"处输入最终想要的字体。

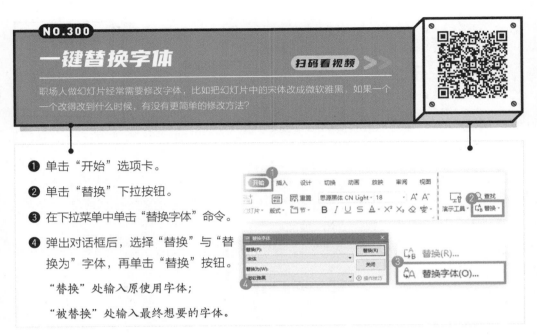

NO.301

修改指定元素中的字体

扫码看视频 >>

替换字体功能会将幻灯片中所有应用了目标字体的文字字体替换，但是我只想替换掉幻灯片标题占位符中使用的字体该怎么办呢？

❶ 单击"开始"选项卡。

❷ 单击"演示工具"下拉按钮。

❸ 在下拉菜单中单击"批量设置字体"命令。

❹ 弹出对话框，确定替换范围，选择目标为"标题"。

❺ 在"设置样式"中修改字体参数。

❻ 单击"确定"按钮，即可完成替换。

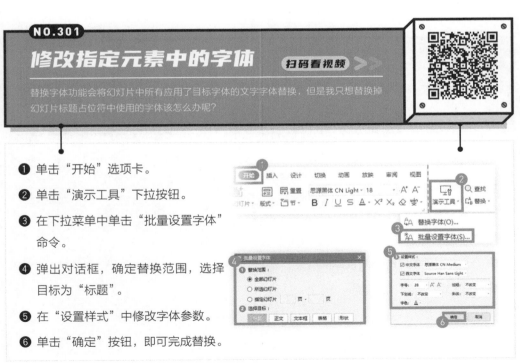

NO.302

快速套用现成元素样式

扫码看视频 >>

新手经常会到网上下载高手制作的演示文稿模板，面对一些精美的效果，想要套用，但是看到大量的参数后经常下不了手，有没有什么方法能够快速套用？

❶ 选中带有特殊效果的文本。

❷ 单击"开始"选项卡。

❸ 单击"格式刷"按钮。

❹ 鼠标指针变成刷子样式时，单击要复制的文本即可。

格式复制快捷键为【Ctrl+Shift+C】；

格式粘贴快捷键为【Ctrl+Shift+V】；

形状、图片等效果也可以使用格式刷。

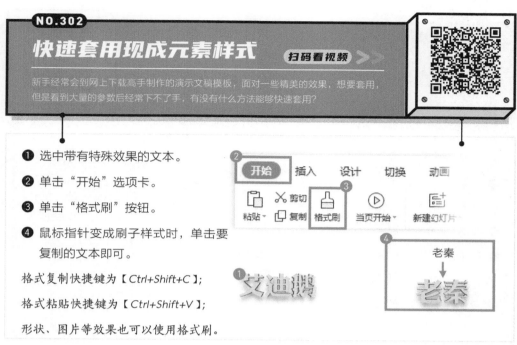

NO.303

给文本添加阴影效果

扫码看视频 >>

做幻灯片时，当文本颜色与背景颜色比较接近时，为了让文本更加突出，经常会给文本添加阴影效果，那么如何给文本添加阴影效果？

❶ 选中文本框，单击鼠标右键打开右键菜单，单击"设置对象格式"命令。

❷ 在"对象属性"窗格中单击"文本选项"选项卡中的"效果"命令。

❸ 为文字设置对应的阴影参数。

注意：给文本添加效果一定要切换到"文本选项"，因为"形状选项"是给整个文本框设置效果。

NO.304

将文本制作成"故障"风格 扫码看视频 >>

文本的阴影效果不仅可以设置在文字本身，文字所在的文本框也可以设置阴影，借助这样的特性，我们就可以快速用一个文本框制出故障风的文字效果。

步骤一：

❶ 选中文本，单击鼠标右键打开右键菜单。

❷ 单击"设置对象格式"命令。

❸ 在"对象属性"窗格中单击"文本选项"选项卡中的"效果"命令。

❹ 为文字设置对应的阴影参数。

阴影颜色为青色（0，224，246），

透明度为0%，模糊为0磅，距离为5磅，角度为180°。

步骤二：

❶ 选中文本，单击鼠标右键打开右键菜单。

❷ 单击"设置对象格式"命令。

❸ 在"对象属性"窗格中单击"形状选项"选项卡中的"效果"命令。

❹ 为文字设置对应的阴影参数。

阴影颜色为洋红（255，28，81），

透明度为0%，模糊为0磅，距离为5磅，角度为0°。

从哪里可以获取好看的字体？
关注微信公众号【老秦】（ID：laoqinppt）；
回复关键词"字体"，即可获取演示文稿常用字体包合集，
而且还是免费可商用的！

NO.305

为文本设置发光效果

扫码看视频 >>

在一些特殊的场合需要用到特殊的文字效果，比如用幻灯片模拟霓虹灯的发光效果，能够让场景感更加丰富，那么如何模拟霓虹灯的效果？

文字可以通过文字描边得到右图所示效果，但是文字显得比较单薄，想让画面显得更加逼真可以给文字添加发光效果，具体操作如下。

❶ 选中文本，单击鼠标右键打开右键菜单，单击"设置对象格式"命令。

❷ 在弹出的对话框中单击"文本选项"选项卡。

❸ 单击"效果"-"发光"命令。

❹ 在发光预设效果中选择橙色发光效果。

❺ 修改发光的具体参数。

右图参数仅供参考。

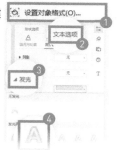

添加发光效果后，就能让文字带有霓虹灯灯牌的效果，如果想让效果更加逼真还可以多复制一层模拟光晕的效果，具体操作见视频。

NO.306

给文字添加三维旋转效果 扫码看视频 >>

当图片画面有一定的视觉引导趋势时，将文本直接添加在图片上面就会显得很生硬，如何将文字效果顺着图片的方向排布？

如右图所示，图片中的道路是有一个方向与趋势的，直接将文本放在图片中会显得比较呆板，没有视觉冲击力，解决方案就是给图片添加三维旋转效果，让文字与图片走势相同，具体操作如下。

① 选中文本，单击鼠标右键打开右键菜单，单击"设置对象格式"命令。

② 在弹出的对话框中单击"文本选项"选项卡。

③ 单击"效果"-"三维旋转"命令。

④ 调整三维旋转参数。

　右图所示参数仅供参考。

添加三维旋转效果后，文字与图片就能紧密融合，让画面更有设计感和冲击力。

NO.307

快速清除文本效果

扫码看视频 >>

领导发了份演示文稿要你修改，打开后发现里面文本加了各种花里胡哨的文字特效，换个修改参数或重新输入文字都特别麻烦，有没有什么办法能快速去除？

❶ 选中加有特殊效果的文本。

❷ 单击"开始"选项卡。

❸ 单击"清除格式"按钮即可。

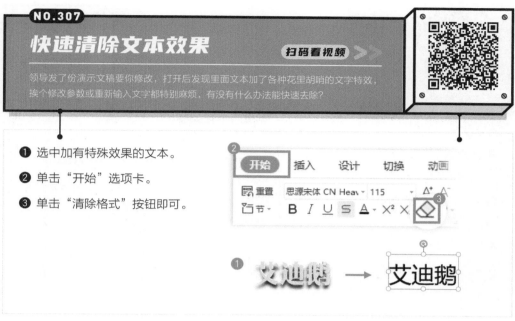

NO.308

文本框溢出时自动缩排

扫码看视频 >>

在文本框输入文字时，有时候想保持文本框的大小不变，如果文字超过了文本框的大小会自动缩小文本的字号以达到排版不错乱，那么应该如何设置？

❶ 选中文本，单击鼠标右键打开右键菜单，单击"设置对象格式"命令。

❷ 在弹出的对话框中单击"文本选项"选项卡。

❸ 在下方单击"文本框"命令。

❹ 选中"溢出时缩排文字"单选按钮。

如果要文本框随文本内容来调整大小，可选择"根据文字调整形状大小"。

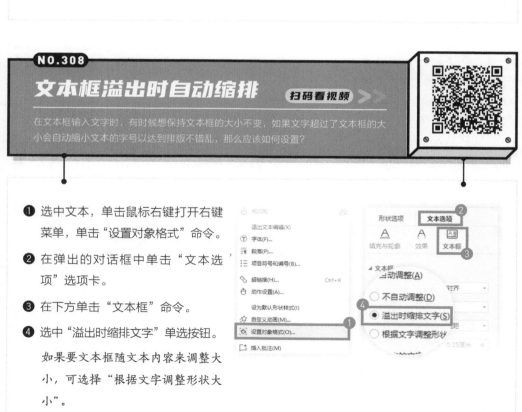

NO.309

调整文本框四周边距

扫码看视频 >>

文本对齐时，经常发现文本框上下左右都有边距，而且有时候边距还不一样，导致文本总是对不齐，怎么办，如何才能将四周的边框边距取消？

❶ 选中文本，单击鼠标右键打开右键菜单，单击"设置对象格式"命令。

❷ 在弹出的对话框中单击"文本选项"选项卡。

❸ 单击"文本框"命令。

❹ 在下拉面板中调整上下左右四个边距的数值，设置为0厘米即可。

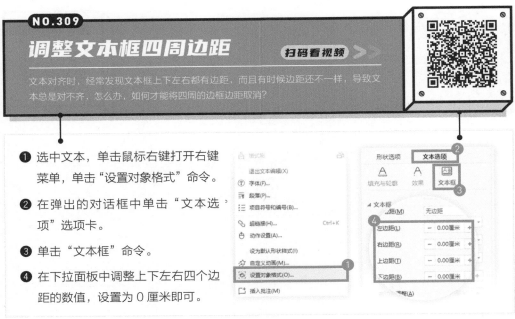

NO.310

为文本添加艺术字效果

扫码看视频 >>

在制作封面等文字较少的页面时经常会对文字进行特殊的处理，但自己不会调，有没有现成的可以直接套用的文字样式？

❶ 选中文本，单击"文本工具"选项卡。

❷ 单击"艺术字样式库"下拉按钮。

❸ 在下拉面板中选择合适的艺术字样式单击应用即可。

艺术字效果适用于文字较少的情况，不适合大段文字的应用。

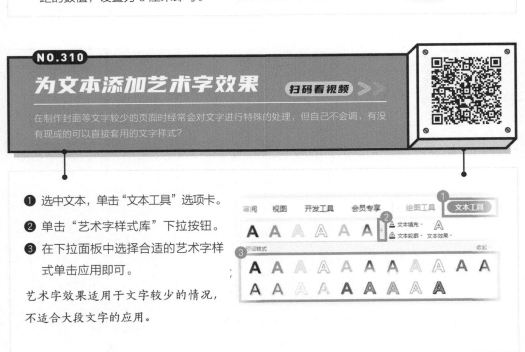

NO.311

快速创建智能图示

扫码看视频 ≫

领导要求幻灯片必须图示化，要求逻辑内容清晰，视觉效果直观，如何才能快速搞定图示化？

❶ 单击"插入"选项卡。

❷ 单击"智能图形"按钮。

❸ 在弹出的对话框中，按所需逻辑
关系选择智能图形类别。

以"列表 – 基本列表"图形为例。

❹ 单击"插入"按钮。

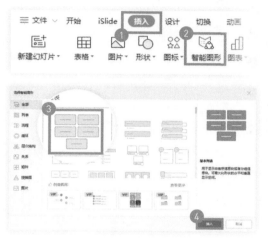

❺ 插入图形后可以直接输入文字。

使用智能图形时要注意根据内容的逻辑关系选择智能图形的类别，否则错误的图示化会使观众不能快速获取其中的信息，甚至误解所传递的信息。

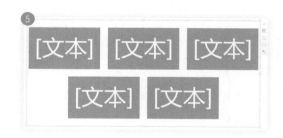

关注微信公众号【老秦】（ID：laoqinppt）；
回复关键词"PPT"，
即可获取1000篇经典教程，
助你成为一个演示高手！

225

NO.312

快速创建逻辑图

扫码看视频 >>

WPS演示自带的智能图形过于中规中矩了，有没有美化好的逻辑图示可以直接插入？

❶ 单击"插入"选项卡。

❷ 单击"智能图形"按钮。

❸ 弹出"智能图形"对话框，在对话框下方可以找到在线的逻辑图示，即"稻壳智能图形"模块，单击即可插入。

选择在线逻辑图示之前，可以在上方选择逻辑关系，然后在下方根据内容数量选择相匹配的样式，部分样式需要稻壳会员才可以使用。

此案例以列表关系为例。

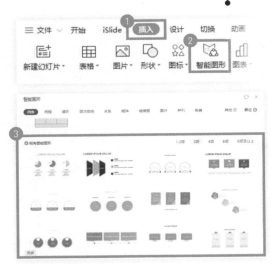

❹ 插入图形后可以直接输入文字。

使用智能图形时要注意根据内容的逻辑关系选择逻辑图的类别，否则错误的图示会使观众不能快速获取其中的信息，甚至误解所传递的信息。

01	单击此处添加文本具体内容，简明扼要的阐述您的观点。根据需要可酌情增减文字，以便观者准确的理解您传达的思想。
02	单击此处添加文本具体内容，简明扼要的阐述您的观点。根据需要可酌情增减文字，以便观者准确的理解您传达的思想。
03	单击此处添加文本具体内容，简明扼要的阐述您的观点。根据需要可酌情增减文字，以便观者准确的理解您传达的思想。

NO.313

快速添加图示数量

扫码看视频 >>

默认插入的智能图形的项目数量是固定的，有的时候无法满足我们的需求，该如何快速添加图示的数量呢？

方法一：

❶ 选中已插入的智能图形中的最后一个项目。

❷ 单击"设计"选项卡。

❸ 单击"添加项目"下拉按钮。

❹ 在下拉菜单中选择"在后面添加项目"或"在前面添加项目"。

方法二：

❶ 选中已插入的智能图形中的最后一个项目。

❷ 在右侧悬浮框中单击"添加项目"按钮。

❸ 在弹出的菜单中选择"在后面添加项目"或"在前面添加项目"。

NO.314
快速调整图示内容的层级 扫码看视频 >>

制作好的智能图形，里面的内容层级和顺序出了点问题，需要调整，难道要复制粘贴这样调整？完全不用，用好智能图形的布局功能可以轻松搞定。

方法一：

❶ 选中需要调整顺序的图示。

❷ 单击"设计"选项卡。

❸ 单击"前移"或"后移"按钮完成图示内容顺序的调整。

❹ 单击"升级"或"降级"按钮完成图示内容层级的调整。

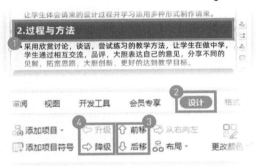

方法二：

❶ 选中需要调整顺序的图示。

❷ 单击图示悬浮窗中的"更改位置"按钮。

❸ 单击"前移"或"后移"按钮，完成图示内容顺序的调整。

❹ 单击"升级"或"降级"按钮完成图示内容层级的调整。

通过以上两种方法即可快速调整图示内容的层级和顺序。

NO.315

文本快速转为图示

扫码看视频 >>

大部分人都是先单击插入一个所需的智能图形，然后再复制文本进去。其实，文本是可以直接转图示的！

如右图所示，页面中有大段的文字，如果想快速排版，很多人通常会直接插入智能图形，然后把文字复制粘贴进去，其实在 WPS 中，还能够一键将文本转换为图示，具体操作如下。

❶ 选中待转换的文本框。

❷ 单击"文本工具"选项卡。

❸ 单击"转换成图示"下拉按钮。

❹ 在下拉面板中选择合适的图示效果。

　左上角标有 VIP 的为 WPS 会员专享，非会员选择无标记的图示样式即可。

通过以上操作即可实现文本快速转换为图示，图示的样式会随着内容不同而有所变化。

NO.316

给对象添加动画效果

扫码看视频 >>

有时为了配合演讲，不希望所有内容同时出现，又或者是想对重点内容进行强调，经常需要动画的辅助，那么，如何给对象添加动画？

❶ 选中对象，单击"动画"选项卡。

❷ 单击"动画样式库"下拉按钮。

❸ 在展开的样式库中选择要添加的动画效果即可。

NO.317

给同一元素添加多个动画

扫码看视频 >>

你有没有遇到过给一个对象添加动画，只能添加一个动画，想添加第二个时第一个动画就被取代了，那么，如何给同一对象添加多个动画？

❶ 选中对象，单击"动画"选项卡。

❷ 单击"动画窗格"按钮。

❸ 在右侧弹出的窗格中单击"添加效果"，在下拉面板中选择合适的动画效果。

如果是在普通界面上单击动画效果只能添加单个动画，要添加多个动画时要通过"添加效果"命令来添加。

NO.318
修改已添加的动画

扫码看视频 >>

给元素添加完动画之后，发现效果不太合适，怎样才能清晰地看到目前添加了什么动画，如何才能修改编辑已添加的动画？

❶ 单击"动画"选项卡。

❷ 单击"动画窗格"按钮。

❸ 在右侧弹出的窗格中选中要修改的动画。

❹ 单击"更改"下拉按钮，在下拉菜单中选择另外的动画替换即可。

NO.319
预览动画效果

扫码看视频 >>

添加完动画后，经常需要预览动画的播放效果，看是否符合自己的要求，若在放映模式下预览，又得退回到普通视图调整，能不能直接在普通视图下预览动画？

❶ 单击"动画"选项卡。

❷ 单击"预览效果"按钮。

预览时会默认从第一个动画开始播放。

一般在为元素添加动画后软件也会自动显示该动画的播放效果。

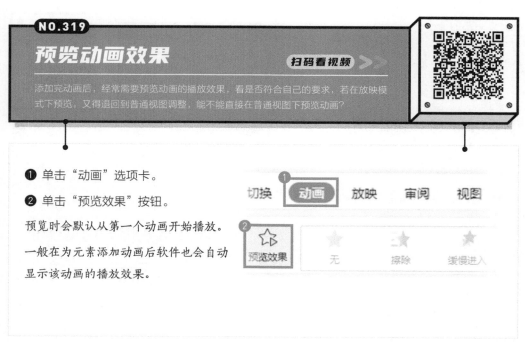

NO.320

调整动画的出现方向

扫码看视频 >>

每个动画添加时都有默认的出现方向，跟自己的预期不符合，怎么办？如何才能调整动画的出现方向？

本案例以擦除动画为例。

❶ 选中元素，单击"动画"选项卡。

❷ 单击"动画窗格"按钮。

❸ 在右侧弹出窗格中单击"方向"下拉按钮，在下拉菜单中修改动画方向即可。

不同动画出现的路径是不一样的。

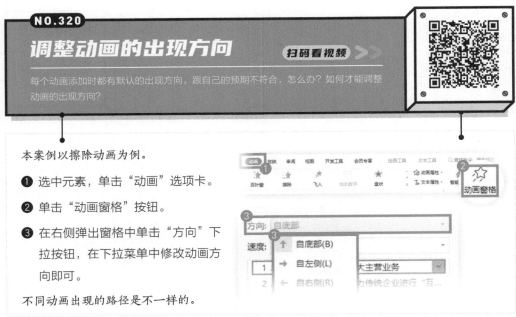

NO.321

调整文本动画的出现效果

扫码看视频 >>

一个文本框内有多段文本，但是添加动画时，经常默认的都是所有文本一起出现，能不能快速设置为一段段出现？

❶ 在动画窗格面板中单击动画右侧的下拉按钮。

❷ 在下拉菜单中单击"效果选项"命令。

❸ 在弹出的对话框中单击"正文文本动画"选项卡。

❹ 在设置"组合文本"下拉菜单中单击"按第一级段落"命令。

通过这样的设置，文本就能一段段出现了。

NO.322

设置动画开始的方式

扫码看视频 >>

为了配合演讲者的演讲，有些动画希望一次性出现完，有些动画希望单击一次出现一个动画，如何设置动画播放的方式？

❶ 选中元素，单击"动画"选项卡。

❷ 单击"动画窗格"按钮。

❸ 在右侧弹出的窗格中单击"开始"下拉按钮，在下拉菜单中修改开始方式。

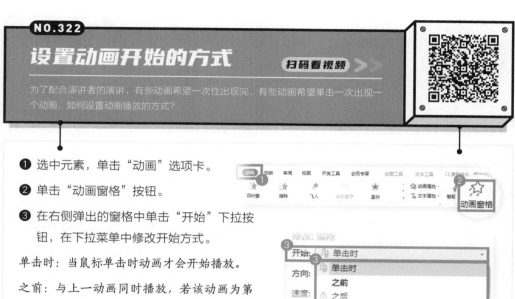

单击时：当鼠标单击时动画才会开始播放。

之前：与上一动画同时播放，若该动画为第一个，则会在切换到该页时自动播放。

之后：在上一动画之后自动播放。

NO.323

设置动画持续时间

扫码看视频 >>

演示时最尴尬的事情就是动画显示过慢，打乱了演讲者的节奏，那该如何控制动画出现时长？

❶ 在动画窗格面板中单击动画右侧的下拉按钮。

❷ 在下拉菜单中单击"计时"命令。

❸ 弹出对话框，单击"计时"-"速度"下拉按钮，在下拉菜单中选择持续时间。

除了预设的速度可供选择外，还可以直接在速度框中输入持续时间，单位为秒。

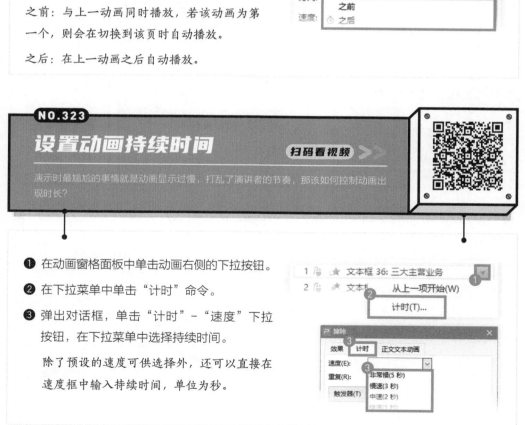

NO.324
设置动画延迟时间

扫码看视频 >>

动画之间有时候需要留出间隔，先是"出现"动画，3秒后再"放大"。如何修改动画延迟时长？

❶ 在动画窗格面板中单击动画右侧的下拉按钮。

❷ 在下拉菜单中单击"计时"命令。

❸ 在弹出的对话框中修改延迟时间。

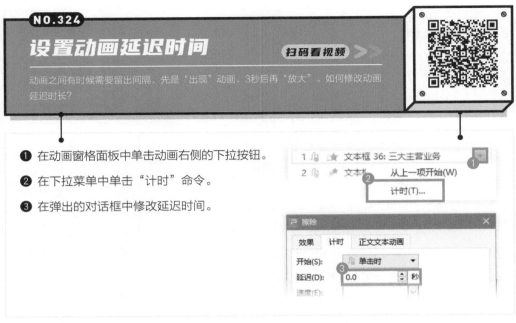

NO.325
设置动画循环播放

扫码看视频 >>

通常我们都会借助动画来对重点内容进行强调，但默认动画播放次数是一次，可能观众没有察觉到，能不能让动画循环播放？

❶ 在动画窗格面板中单击动画右侧的下拉按钮。

❷ 在下拉菜单中单击"计时"命令。

❸ 在弹出的对话框中单击"计时 – 重复"下拉按钮，在下拉菜单中修改重复值即可实现动画循环播放。

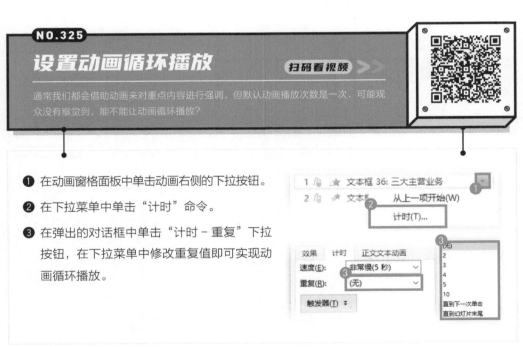

NO.326

批量删除幻灯片中的动画

扫码看视频 >>

给幻灯片添加了很多动画效果，结果临时通知汇报时间缩短了一半，再播放动画时可能会超时，一个个删又很麻烦，如何批量删除动画？

❶ 单击"动画"选项卡。

❷ 单击"删除动画"下拉按钮。

❸ 在下拉菜单中单击"删除演示文稿中的所有动画"命令。

❹ 弹出对话框后，单击"确定"按钮。

通过以上操作即可批量删除所有动画。

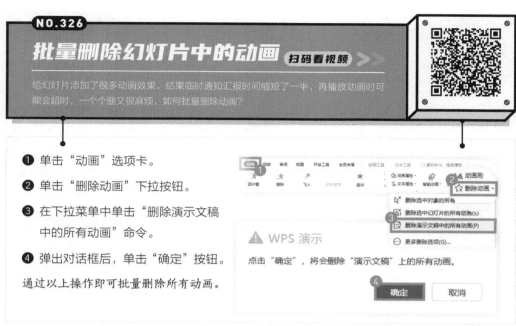

NO.327

为动画添加音效

扫码看视频 >>

有些动画需要配合特定的音效来强化视听效果，如何给动画添加音效？

❶ 在动画窗格面板中单击动画右侧的下拉按钮。

❷ 在下拉菜单中单击"效果选项"命令。

❸ 在弹出的对话框后单击"效果"选项卡。

❹ 单击"增强"-"声音"下拉按钮。

❺ 选择想要添加的音效。

NO.328

设置动画触发器

扫码看视频 >>

做抽奖相关的动画时，经常希望单击某一个特定的元素才会触发特定的动画效果，避免泄露其他信息，如何给动画设置触发器？

❶ 在动画窗格面板中单击动画右侧的下拉按钮。

❷ 在下拉菜单中单击"计时"命令。

❸ 弹出对话框，单击"计时"–"触发器"命令。

❹ 选中"单击下列对象时启动效果"单选按钮并选择对应的对象。

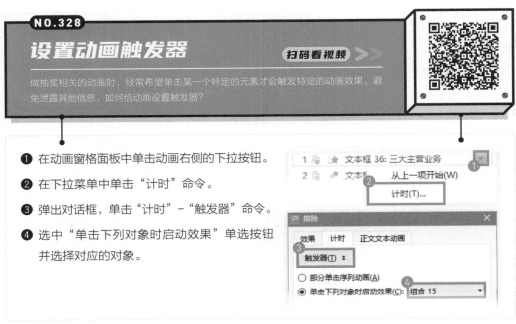

NO.329

为幻灯片添加切换动画

扫码看视频 >>

在翻页的时候经常会添加页与页之间的切换动画效果，那么该如何来设置？

❶ 选中页面，单击"切换"选项卡。

❷ 单击"切换效果"下拉按钮。

❸ 在下拉面板中选择要添加的切换动画。

"切换动画"是页与页间的动画效果。

"动画"是页面内对象的动画效果。

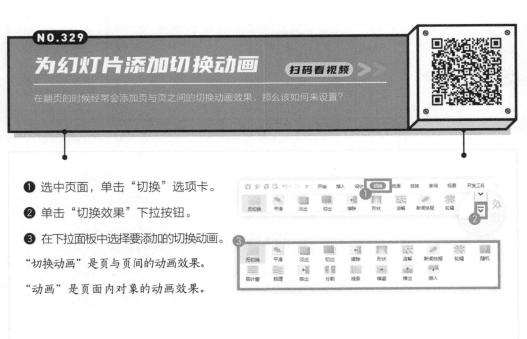

NO.330

调整切换动画方向

扫码看视频 >>

默认的切换动画出现的方向不符合自己的要求，如何才能调整切换动画的方向？

① 选中页面，单击"切换"选项卡。

② 单击"推出"命令。

　本案例以"推出"动画为例。

③ 单击"效果选项"下拉按钮。

④ 在下拉菜单中选择需要的动画方向。

　不同的切换动画效果选项不同。

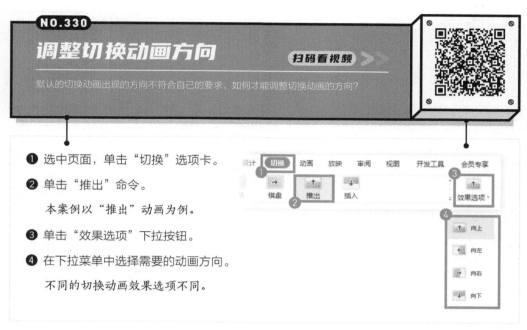

NO.331

批量添加切换动画

扫码看视频 >>

要给所有页面添加统一的切换动画，上百张幻灯片一张张设置非常麻烦，有没有什么方法能够快速批量添加？

① 选中页面，单击"切换"选项卡。

② 单击"切换效果"下拉按钮。

③ 在下拉面板中选择要添加的切换动画。

④ 单击右侧的"应用到全部"按钮。

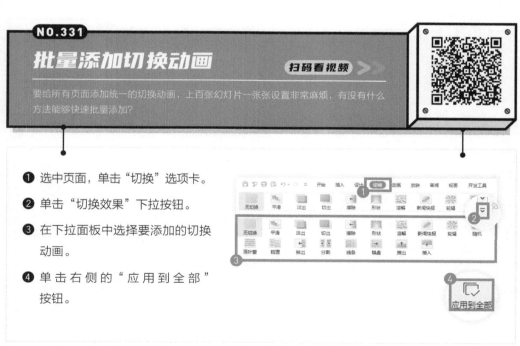

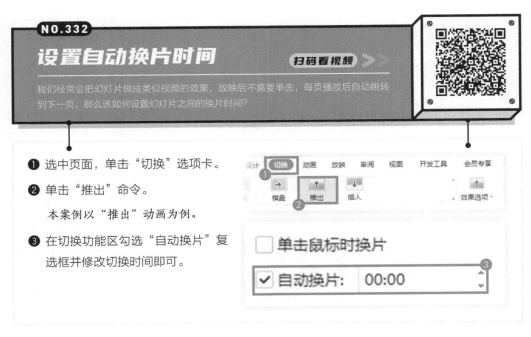

NO.332

设置自动换片时间

扫码看视频 >>

我们经常会把幻灯片做成类似视频的效果，放映后不需要单击，每页播放后自动跳转到下一页，那么该如何设置幻灯片之间的换片时间？

❶ 选中页面，单击"切换"选项卡。

❷ 单击"推出"命令。

本案例以"推出"动画为例。

❸ 在切换功能区勾选"自动换片"复选框并修改切换时间即可。

NO.333

将幻灯片导出为视频

扫码看视频 >>

相较于视频软件，WPS演示编辑功能不少，操作难度也比较低，所以很多人经常会把添加完动画之后的幻灯片导出为视频文件，那么如何将幻灯片导出为视频？

❶ 单击"文件"菜单。

❷ 在下拉菜单中单击"另存为"子菜单。

❸ 在右侧菜单中单击"输出为视频"命令。

第一次输出时软件会要求下载安装 webm 格式对应的视频解码器。

NO.334

插入视频文件

扫码看视频 >>

做幻灯片演示的时候经常需要播放视频，每次都要退出放映后播放视频文件，很麻烦。能不能直接把视频文件插入幻灯片中？

❶ 单击"插入"选项卡。

❷ 单击"视频"下拉按钮。

❸ 在下拉菜单中选择视频插入的方式。

嵌入本地视频：相当于将视频放到文件中。

链接到本地视频：相当于引用视频，但建议把视频文件和演示文件打包放在一个文件夹里。打包操作方法见❹，单击"文件"菜单，在下拉菜单的"文件打包"子菜单中单击"将演示文档打包成文件夹"命令。

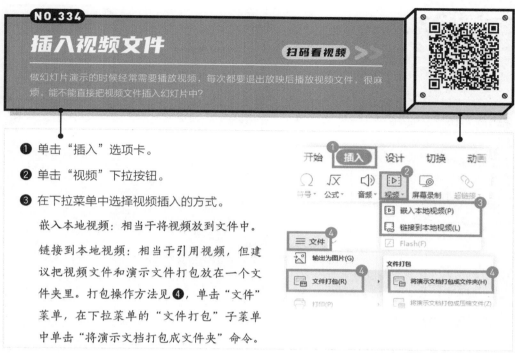

NO.335

插入音频文件

扫码看视频 >>

做学术申报的时候，做好幻灯片之后经常需要插入相应的音频，然后上交申报，如何才能插入音频文件？

❶ 单击"插入"选项卡。

❷ 单击"音频"下拉按钮。

❸ 在下拉菜单中选择音频插入的方式。

嵌入音频：相当于将音频放到文件中。

链接到音频：相当于引用音频，但建议把音频文件和演示文件放在一个文件夹里，同时移动。

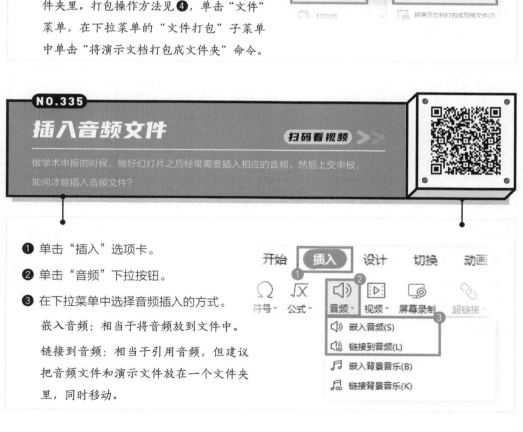

NO.336

对视频文件进行简单剪辑 扫码看视频 >>

一段视频文件特别长，经常只需要用到其中的几十秒，自己又不会专业的剪辑软件怎么办？其实WPS演示里面就可以轻松实现视频截取！

❶ 选中视频，单击"视频工具"选项卡。

❷ 单击"裁剪视频"按钮。

❸ 在"裁剪视频"对话框中移动起始滑块截取视频。

　绿色为起始滑块、红色为结束滑块，也可以在开始时间框和结束时间框中输入具体时间点来截取视频。

❹ 单击"确定"按钮。

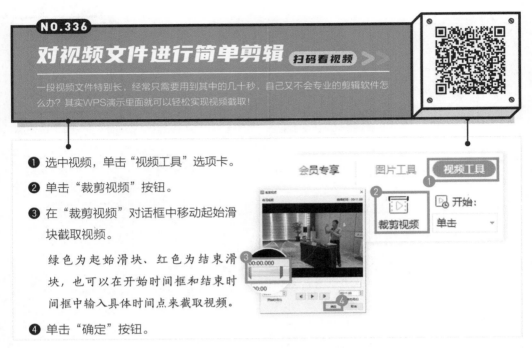

NO.337

取消视频播放声音 扫码看视频 >>

大多数视频都是带有声音的，但有时候只希望视频出现画面来配合演讲人口述，那么，如何让视频播放时不播放声音？

❶ 选中视频，单击"视频工具"选项卡。

❷ 单击"音量"下拉按钮。

❸ 在下拉菜单中单击"静音"命令。

如果想要视频播放有声音，取消"静音"的勾选，选择合适的音量即可。

NO.338

设置视频的开始方式

扫码看视频 >>

视频作为演示的素材，通常需要配合演讲者演讲的节奏，在需要播放的时候播放。那么，如何自由控制视频播放的方式？

❶ 选中视频，单击"视频工具"选项卡。

❷ 单击"开始"下拉按钮，选择开始方式。

"单击"是指单击视频画面即可播放视频；"自动"是指切换到视频所在页面时会自动播放视频。

NO.339

让视频播放时全屏播放

扫码看视频 >>

视频放在幻灯片中，旁边通常可能还要放置内容，导致视频看起来比较小，放映时后排的观众会看不到，如何让视频在放映时自动撑满全屏？

❶ 选中视频，单击"视频工具"选项卡。

❷ 勾选功能区中的"全屏播放"复选框。

通过以上操作即可让视频在播放时自动全屏。

在上台呈现的时候，要做哪些检查，确保演示不出问题？
关注微信公众号【老秦】（ID：laoqinppt）；
回复关键词"品控"，即可获取"工作型幻灯片品控手册"，
108项检查清单，确保你的完美演示！

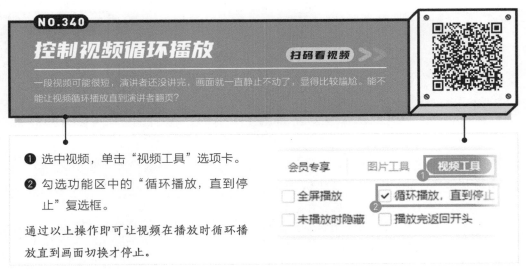

NO.340

控制视频循环播放

扫码看视频 >>

一段视频可能很短，演讲者还没讲完，画面就一直静止不动了，显得比较尴尬。能不能让视频循环播放直到演讲者翻页？

❶ 选中视频，单击"视频工具"选项卡。

❷ 勾选功能区中的"循环播放，直到停止"复选框。

通过以上操作即可让视频在播放时循环播放直到画面切换才停止。

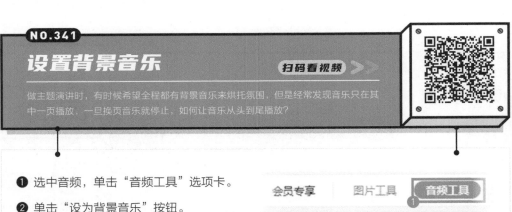

NO.341

设置背景音乐

扫码看视频 >>

做主题演讲时，有时候希望全程都有背景音乐来烘托氛围，但是经常发现音乐只在其中一页播放，一旦换页音乐就停止，如何让音乐从头到尾播放？

❶ 选中音频，单击"音频工具"选项卡。

❷ 单击"设为背景音乐"按钮。

通过以上操作即可让音频作为背景音乐了，放映时，音乐会一直在后台播放，不会受到幻灯片翻页影响，音乐结束后会循环播放，直到幻灯片放映结束。

不知道从哪里可以下载视频、音频素材？
关注微信公众号【老秦】（ID：laoqinppt）；
回复关键词"素材"，即可获取各种好用的素材网站名称和网址，尤其是很多免费可商用的素材库！

第4篇 >>>

通用技巧与云文档

NO.342

WPS软件的广告屏蔽

扫码看视频 >>

WPS虽然很好用，但是日常办公中有时会毫无征兆地在右下角或窗口正中弹出一个广告，影响办公效率，有没有什么方法可以把广告关闭？

❶ 单击WPS左上角的"首页"标签。

❷ 在下方功能区中单击"全局设置"按钮。

❸ 在下拉菜单中单击"配置和修复工具"命令。

❹ 在弹出的对话框中单击"高级"按钮。

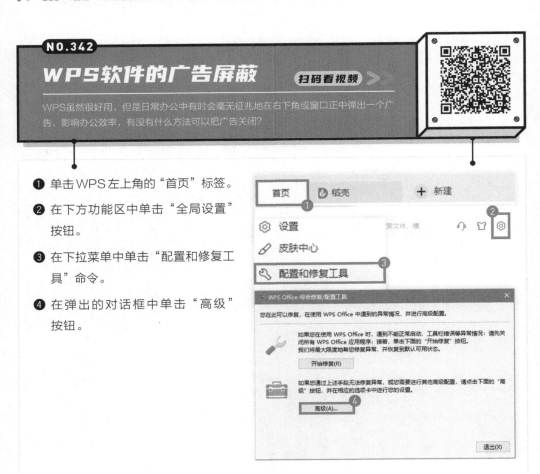

❺ 弹出对话框，单击"其他选项"选项卡。

❻ 勾选"关闭 WPS 热点"和"关闭广告弹窗推送"复选框。

❼ 单击"确定"按钮。

通过以上操作就可以将WPS软件的广告推送及热点弹窗关闭。

NO.343

WPS搜索联机模板

扫码看视频 >>

WPS中除了强大的办公功能之外，还有另一个值得称道之处，那就是稻壳模板商城，我们可以通过稻壳模板商城搜索各种各样的办公文档模板。

❶ 单击 WPS 左上角的"稻壳"标签。

❷ 在下方页面的搜索栏中输入关键词。

❸ 单击"搜索"按钮即可完成模板搜索。

搜索框中输入关键词"免费"即可搜索到稻壳模板商城中所有免费的模板。

NO.344

WPS保存与另存为

扫码看视频 >>

无论是表格、文档还是演示文稿，制作完成后都需要保存到本地电脑，保存的操作大同小异，但是每个软件能够另存为的文件格式又有不同。

"保存"的快捷键是【Ctrl+S】。

WPS 演示默认的文件格式是".pptx"；

WPS 表格默认的文件格式是".xlsx"；

WPS 文字默认的文件格式是".docx"。

如果需要将编辑的文件另存到其他位置，则需要使用另存为功能。

"另存为"的快捷键是【F12】。

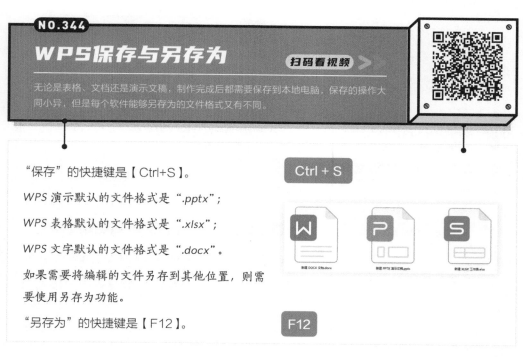

Ctrl + S

F12

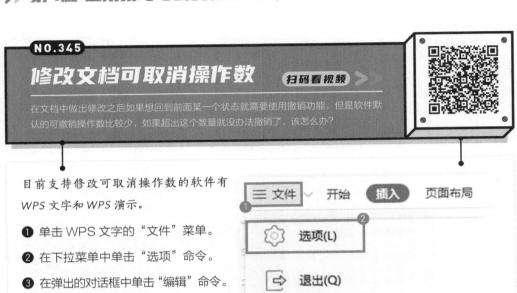

NO.345

修改文档可取消操作数 扫码看视频 >>

在文档中做出修改之后如果想回到前面某一个状态就需要使用撤销功能，但是软件默认的可撤销操作数比较少，如果超出这个数量就没办法撤销了，该怎么办？

目前支持修改可取消操作数的软件有WPS文字和WPS演示。

❶ 单击WPS文字的"文件"菜单。

❷ 在下拉菜单中单击"选项"命令。

❸ 在弹出的对话框中单击"编辑"命令。

❹ 修改"撤销/恢复操作步数"的数值。WPS文字中可设置的撤销／恢复操作步数的数值范围为30～1024。

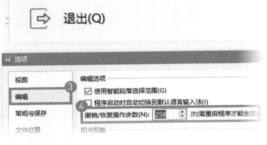

❶ 单击WPS演示的"文件"菜单。

❷ 在下拉菜单中单击"选项"命令。

❸ 在弹出的对话框中单击"编辑"命令。

❹ 修改"撤销/恢复操作步数"的数值。WPS演示中可设置的撤销／恢复操作步数的数值范围为3～150。

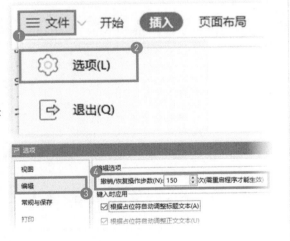

NO.346

WPS自动备份文档

扫码看视频 >>

在对文档进行编辑的时候，如果遇到突发状况比如停电电脑关机，你又没有及时保存，这得有多难受，想不想让软件自动帮你保存文件？

❶ 单击WPS左上角的"首页"标签。

❷ 单击窗口左下角的"应用"按钮。

❸ 在弹出的对话框中切换到"安全备份"选项卡。

❹ 单击"备份中心"命令。

❺ 在对话框中单击"本地备份设置"选项。

❻ 在本地备份设置模块下，选中"定时备份"单选按钮，设置时间间隔。

"时间间隔"后面的数字最小可设置为1分钟，建议定时备份的时间间隔为5~10分钟，间隔太小会使软件频繁自动保存，导致卡顿。

NO.347

将命令添加到快速访问工具栏 扫码看视频 >>

软件里面有很多功能都需要频繁地单击对应的菜单才能使用，有没有办法快速地使用常用的功能？

快速访问工具栏一般位于"文件"菜单右侧或整个功能区的下面，如右图所示。将命令添加到快速访问工具栏的操作如下。

❶ 单击快速访问工具栏最右侧的下拉按钮。

❷ 在下拉菜单中单击"其他命令"命令。

❸ 在弹出的对话框中选择"常用命令"选项，在命令列表中选择需要添加的命令。

❹ 单击"添加"按钮。

❺ 单击"确定"按钮，即可完成。

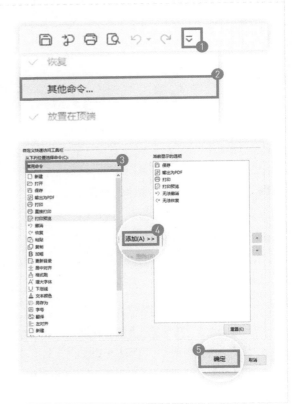

为WPS安装实用插件

扫码看视频 >>

WPS软件功能已经非常强大了，但还是有很多效果软件本身无法快速实现，这时就需要插件来帮助我们，WPS可以装很多实用的插件，那如何为WPS安装插件呢？

这里以在 WPS 演示中安装 iSlide 插件为例，介绍插件的安装方法。

❶ 在任意浏览器搜索插件的名字，前往插件官网下载插件安装程序。

  需要根据操作系统具体情况下载Windows 或 Mac 版本的插件，但大部分插件不具备 Mac 版本。

❷ 打开插件安装程序，按照程序提示完成插件安装。

❸ 安装完成后，即可在软件的菜单栏中看到插件的选项卡"iSlide"。

通过以上操作就能为 WPS 安装插件。

说明：如果没有看到"iSlide"选项卡，单击"开发工具"选项卡下的"COM 加载项"按钮，在弹出的"COM 加载项"对话框中勾选"iSlideTools.Public"加载项。

想要获取更多好用的插件？
关注微信公众号【老秦】(ID：laoqinppt)；
回复关键词"插件"，即可获取各种实用的办公插件下载方式，还有插件的使用技巧合集！

NO.349

将文档转换为演示文稿

扫码看视频 >>

演示文稿的制作是有文字文档内容支持的，如果需要把文字文档里的内容转移到演示文稿中，除了复制粘贴外还有没有更方便的办法？

❶ 先为文字文档按照内容层级应用好"标题""标题 1""标题 2"等样式。

❷ 单击"文件"菜单。

❸ 在下拉菜单中单击"输出为 PPTX"命令。

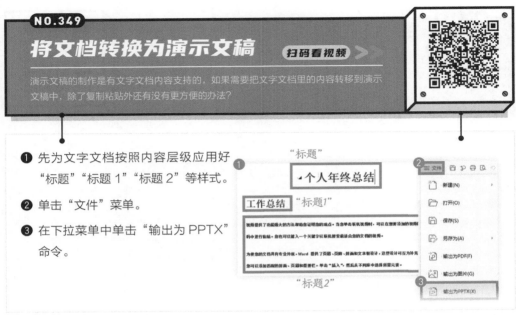

NO.350

将演示文稿转换为文档

扫码看视频 >>

既然可以从文字文档转换为演示文稿，那反过来能不能将演示文稿转换为文字文档？比如在开会的时候，快速将演示文稿内容转换为文字稿？

❶ 打开演示文稿，单击"文件"菜单。

❷ 单击"另存为"命令。

❸ 单击"转为 WPS 文字文档"命令。

❹ 在弹出的对话框中选中"全部"单选按钮。

❺ 单击"确定"按钮，即可完成文档的转换。

NO.351

电子表格同步至幻灯片

扫码看视频 >>

很多人直接截图将电子表格中的数据转移到幻灯片中，这样的截图画质差、不能编辑、不能同步。如何才能将电子表格导入幻灯片实现清晰、可改、同步呢？

❶ 在电子表格中复制所需要的表格内容。

❷ 单击"开始"选项卡中的"粘贴"下拉按钮，在下拉菜单中单击"选择性粘贴"命令。

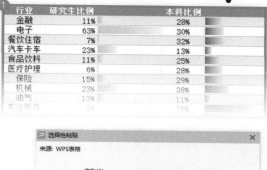

❸ 在弹出的"选择性粘贴"对话框中，选中"粘贴链接"单选按钮。

❹ 选中"WPS 表格 对象"。

❺ 单击"确定"按钮。

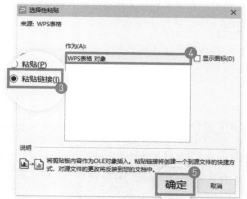

通过这样的步骤，可以将电子表格中的内容复制到演示文稿中，而且在电子表格中更改数据，再打开演示文稿时会发现已经同步更新了！

注意：移动文件时，需要将演示文稿文件与链接的电子表格文件打包在一个文件夹内，否则会出现打开错误。

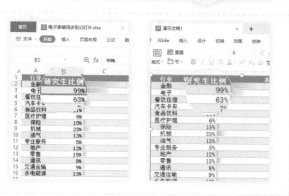

NO.352

开启云文档同步功能

扫码看视频 >>

工作中重要的文档需要在办公室、家、出差地点多处同步，即使随身携带U盘，还是会担心U盘损坏无法打开。用WPS云文档同步功能就能轻松解决这一问题。

❶ 单击 WPS 左上角的"首页"标签。

❷ 在下方设置模块单击"全局设置"按钮，在下拉菜单中单击"设置"命令，打开"设置中心"。

❸ 单击开启"文档云同步"命令。

普通用户可以享有 1GB 的云空间，超级会员拥有 365GB 云空间，开启后文档会自动同步至账号的云空间，只需在设备上登录相同账号即可打开同步过的文档。

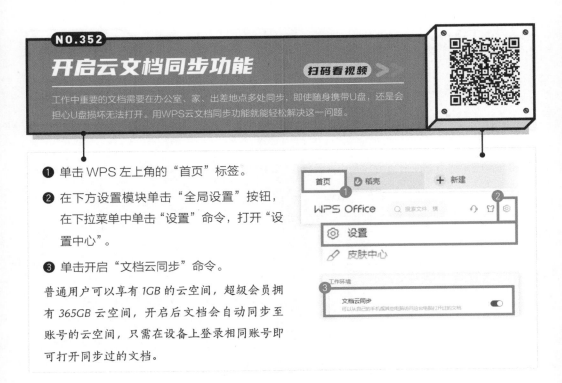

NO.353

将文件以链接形式分享

扫码看视频 >>

在社交软件中传递文档，超过一定大小的文档会被限制无法发送，而且当在外地没有网络流量接收文件时，就会白白浪费很多话费和时间，用WPS就不用担心！

❶ 打开文档，单击右上角的"分享"选项卡。

❷ 在弹出的对话框中设置分享的范围与权限。

❸ 单击"创建并分享"按钮，即可将文档以链接的形式分享出去。

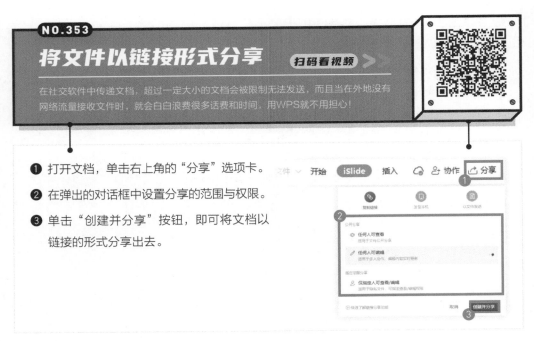

NO.354

文档的在线协同修改

扫码看视频 >>

线上协同办公最麻烦的就是一组人修改同一份文档,以往都是每个人独立完成各自的部分,最后再进行统稿,而在WPS中就不会有这个烦恼了!

❶ 打开文档,单击右上角的"协作"选项卡。

此时文档会自动转换为金山文档模式。

❷ 在弹出的对话框中单击"进入多人编辑"命令。

此时会跳转到网页端,项目成员可以编辑此文档,进行在线协同。

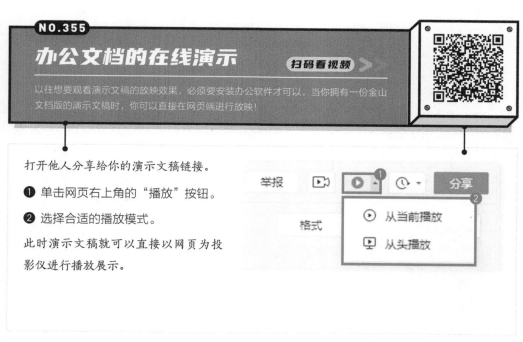

NO.355

办公文档的在线演示

扫码看视频 >>

以往想要观看演示文稿的放映效果,必须要安装办公软件才可以,当你拥有一份金山文档版的演示文稿时,你可以直接在网页端进行放映!

打开他人分享给你的演示文稿链接。

❶ 单击网页右上角的"播放"按钮。

❷ 选择合适的播放模式。

此时演示文稿就可以直接以网页为投影仪进行播放展示。

NO.356

查看文档历史版本

扫码看视频 >>

重要的文档执行了错误的操作并进行了保存，会导致正确文档被覆盖，想要恢复基本不可能了，但如果你的WPS已经开启了云文档同步功能，就能轻松找回！

此操作仅适用于已经开启云文档同步的 WPS。

❶ 打开任意文档，单击窗口右上角的"云"按钮。

❷ 在下拉菜单中单击"历史版本"命令。

❸ 在弹出的对话框中即可查看文档的历史版本。

❹ 单击"预览"命令，可以查看对应版本的内容。

❺ 单击版本右侧的"…"按钮，能够执行"导出"和"恢复"命令。

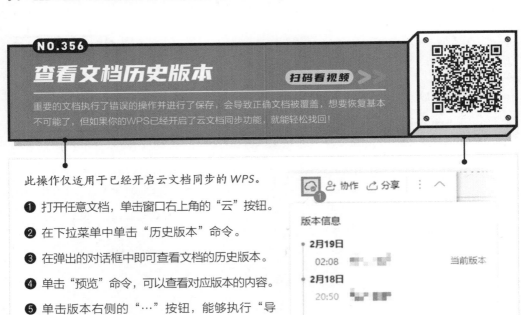

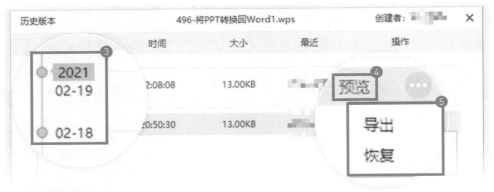

想要获取更多实用的工具？
关注微信公众号【老秦】(ID：laoqinppt)；
回复关键词"软件"，即可获取各种实用的工具下载方式，包含 App、网站、软件，应有尽有！

NO.357

在WPS中创建思维导图 扫码看视频 ≫

WPS软件中除了有文字、表格、演示之外，还内置了思维导图制作工具，制作思维导图在WPS中就可以轻松完成。

❶ 单击窗口中的"新建"标签。

❷ 在下方窗口中单击"脑图"按钮。

❸ 在下方界面单击"新建空白图"命令。

  WPS中预置了不同领域的高质量思维导图可供下载学习。

❹ 在脑图菜单栏的"样式"选项卡中可以选择脑图的主题风格与排布结构。

❺ 在脑图菜单栏的"插入"选项卡中可以插入不同层级的脑图主题、不同类型的脑图结构内容及不同的序号图标。

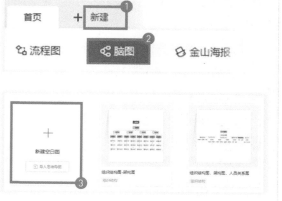

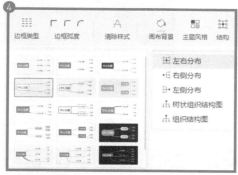

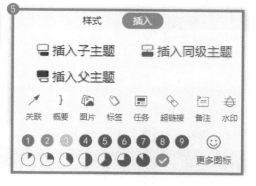

如何训练自己的结构思考力、逻辑能力？
关注微信公众号【老秦】(ID：laoqinppt)；
回复关键词"公开课"，即可观看秦老师*160*分钟公开课，
学习结构化思考、视觉化表达等多维能力！

NO.358

思维导图转换为幻灯片

扫码看视频 >>

很多读者喜欢使用思维导图来构思演示文稿的大纲，然后再把大纲一个一个地粘贴到演示文稿中，其实在WPS中的思维导图可以快速转换为一份美化过的演示文稿。

❶ 在 WPS 中打开一份已经制作好的思维导图。

这里以2020年年终汇报为例，如右图所示。

❷ 单击软件中的"样式"选项卡。

❸ 单击功能区中的"脑图PPT"命令。

软件会自动开始分析内容并生成演示文稿。

❹ 单击"更换风格"命令，可以快速调整风格。

❺ 单击"智能排版"命令，可对页面重新排版。

❻ 达到预期后，单击"保存PPT"按钮。

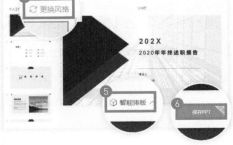

思维导图内容与演示文稿内容转换的对应关系如下。

思维导图内容	演示文稿内容
思维导图的主题	演示文稿的主题页
思维导图第一层级内容	演示文稿目录内容、章节页标题、内容页标题
思维导图第二层级内容	演示文稿内容页小标题
思维导图第三层级内容	演示文稿内容页正文

NO.359

在WPS中创建流程图

扫码看视频 >>

在做理工科论文时，经常需要做流程图。以往我们会借助其他工具来制作，其实在WPS中就可以轻松完成。

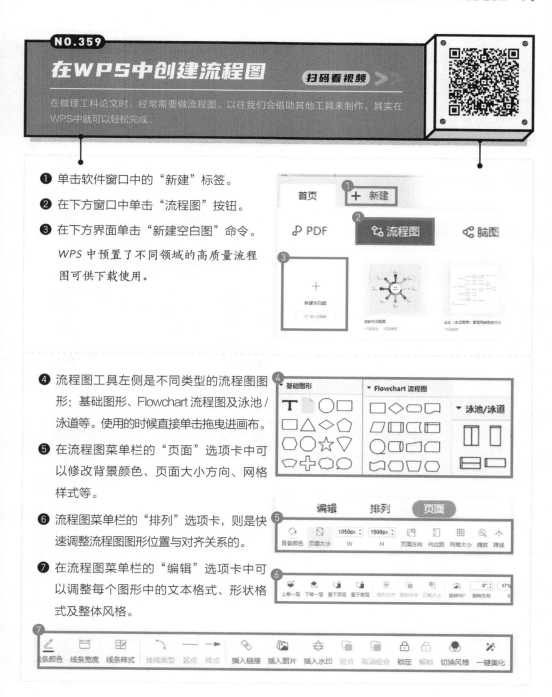

❶ 单击软件窗口中的"新建"标签。

❷ 在下方窗口中单击"流程图"按钮。

❸ 在下方界面单击"新建空白图"命令。

WPS 中预置了不同领域的高质量流程图可供下载使用。

❹ 流程图工具左侧是不同类型的流程图图形：基础图形、Flowchart流程图及泳池/泳道等。使用的时候直接单击拖曳进画布。

❺ 在流程图菜单栏的"页面"选项卡中可以修改背景颜色、页面大小方向、网格样式等。

❻ 流程图菜单栏的"排列"选项卡，则是快速调整流程图图形位置与对齐关系的。

❼ 在流程图菜单栏的"编辑"选项卡中可以调整每个图形中的文本格式、形状格式及整体风格。

NO.360

在WPS中完成海报设计 扫码看视频 >>

时间紧急，要快速制作一份招聘广告海报，没有设计功底的你该怎么借助WPS快速完成呢？

❶ 单击软件窗口中的"新建"标签。

❷ 在下方窗口中单击"金山海报"按钮。

❸ 在下方界面找到搜索框，输入关键词"招聘"。

WPS会快速搜索到相关的海报模板。

❹ 选择一份合适的模板，进入编辑状态。

❺ 可以直接在海报模板中修改文字内容。

❻ 可以借助左侧工具栏上传/添加其他元素。

❼ 修改完成后，单击"保存并下载"按钮，选择需要的文件类型，单击"下载"按钮。

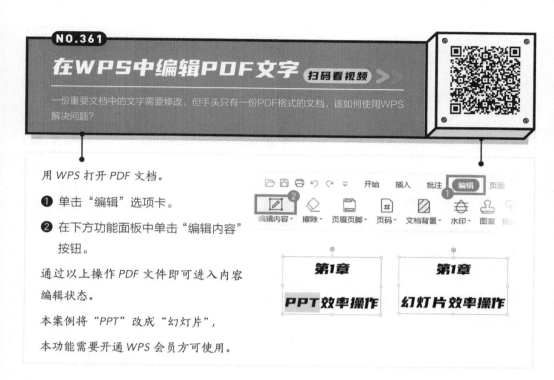

NO.361

在WPS中编辑PDF文字 扫码看视频 〉〉

一份重要文档中的文字需要修改，但手头只有一份PDF格式的文档，该如何使用WPS解决问题？

用 WPS 打开 PDF 文档。

❶ 单击"编辑"选项卡。

❷ 在下方功能面板中单击"编辑内容"按钮。

通过以上操作 PDF 文件即可进入内容编辑状态。

本案例将"PPT"改成"幻灯片"，

本功能需要开通 WPS 会员方可使用。

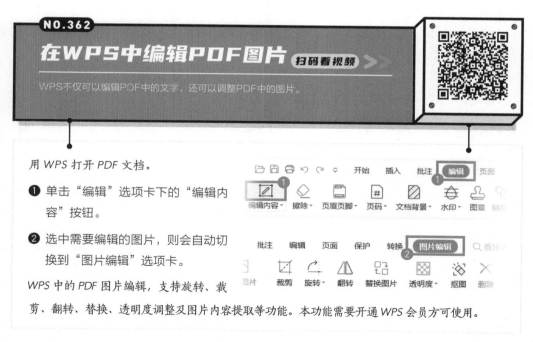

NO.362

在WPS中编辑PDF图片 扫码看视频 〉〉

WPS不仅可以编辑PDF中的文字，还可以调整PDF中的图片。

用 WPS 打开 PDF 文档。

❶ 单击"编辑"选项卡下的"编辑内容"按钮。

❷ 选中需要编辑的图片，则会自动切换到"图片编辑"选项卡。

WPS 中的 PDF 图片编辑，支持旋转、裁剪、翻转、替换、透明度调整及图片内容提取等功能。本功能需要开通 WPS 会员方可使用。

NO.363

在WPS中进行PDF批注 扫码看视频 >>

拿到一份PDF文档，需要在文档中提出修改意见，除了打印出来在纸上标注之外，能否借助WPS实现对PDF的批注？

用 WPS 打开 PDF 文档。

❶ 单击"批注"选项卡。

在下方功能区中有很多实用的批注工具。

❷ 批注模式、批注管理、隐藏批注可以帮助我们快速查看和隐藏批注内容，并且高效率管理批注。

❸ 高亮、文字批注、文本框等各类批注/注解工具，则可以帮助我们快速将文档中的重点内容标记出来并加以文字说明。

❹ 下划线、删除线、插入符、替换符等符号工具则可以帮助我们快速完成内容的标注与修改。

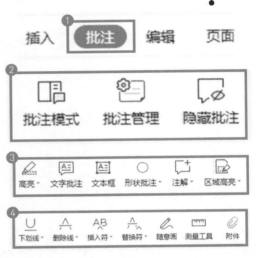

添加完批注之后，在 PDF 文档左侧的批注管理中，可以清晰地看到批注的页数与信息，还有回复功能，可以用于意见上的交流。

此外，单击批注信息可以直接跳转到相应的页面，快速定位，非常方便。

NO.364

在WPS中管理个人日程

扫码看视频 ≫≫

WPS Office不仅是一款办公软件，也是一个个人日程管理软件。借助日历功能优化个人时间管理，提高工作效率！

❶ 单击 WPS 左上角的"首页"标签。

❷ 单击窗口左侧的"日历"按钮，在 WPS 中打开金山日历。

❸ 在日历的右上角，我们可以在"日、周、月"三个维度上快速切换视图，以不同的维度管理个人日程。

❹ 单击"添加日程"按钮，可以弹出创建日程的对话框，可以选择创建日程和待办事项（以不同的颜色标记显示在日历上）。

❺ 自己的日历可在我的日历中分享给他人。

日程会通过 WPS Office 桌面端、手机 App 端及金山日历小程序端同步提醒你日程即将开始。

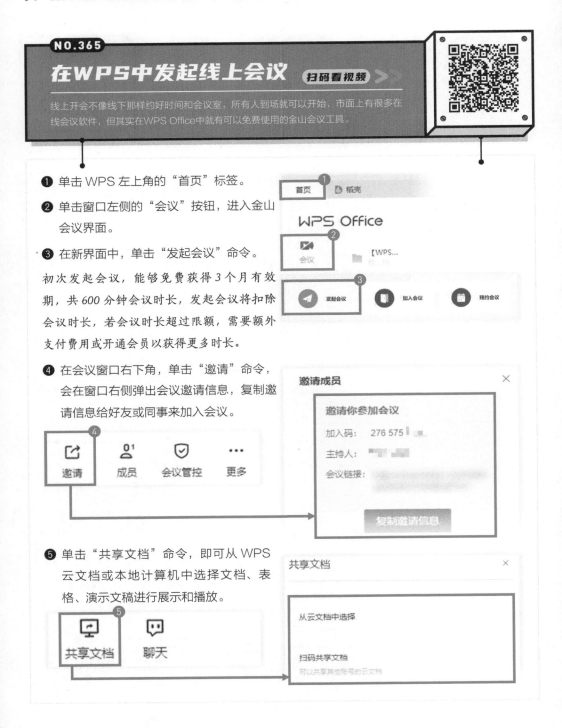

NO.365

在WPS中发起线上会议 扫码看视频 >>

线上开会不像线下那样约好时间和会议室，所有人到场就可以开始，市面上有很多在线会议软件，但其实在WPS Office中就有可以免费使用的金山会议工具。

❶ 单击 WPS 左上角的"首页"标签。

❷ 单击窗口左侧的"会议"按钮，进入金山会议界面。

❸ 在新界面中，单击"发起会议"命令。

初次发起会议，能够免费获得 3 个月有效期，共 600 分钟会议时长，发起会议将扣除会议时长，若会议时长超过限额，需要额外支付费用或开通会员以获得更多时长。

❹ 在会议窗口右下角，单击"邀请"命令，会在窗口右侧弹出会议邀请信息，复制邀请信息给好友或同事来加入会议。

邀请成员 ✕

邀请你参加会议

加入码：　276 575
主持人：
会议链接：

复制邀请信息

❺ 单击"共享文档"命令，即可从 WPS 云文档或本地计算机中选择文档、表格、演示文稿进行展示和播放。

共享文档 ✕

从云文档中选择

扫码共享文档
可以共享其他账号的云文档